心理学信息图

通过50张插图认识心理学

【法】伊莲娜·菲涅耳（Hélène Fresnel） 著

【法】索菲·德拉·科尔（Sophie Della Corte） 绘

陈新华 黄辉 译

重庆大学出版社

前 言

心理学家无处不在。在诊所，在医院，在救助场所，社会对他们的需求正在暴增。在媒体上，在交谈中，他们的术语在我们的词汇中蔓延。"被动攻击""强迫症"" 恋己癖""精神创伤""心理弹性""拒认""压抑""应激""焦虑""恐惧症"……在对之不甚了了的情况下，我们每天会使用多少次来自心理学、精神分析或者精神病学的词语？这些词语无所不在，但常常被误用或者滥用。

实际上，大量的事实、学科和方法隐藏在"心理学家"的标签下，它们日积月累了几个世纪。它们有时属于硬科学，有时属于人文科学，有时属于二者的混合。它们在正常和病态之间划出的分界线不断变化。这些概念、研究人员和护理人员长久以来都在争论。对于心灵生活的兴趣由来已久，不同于我们可能认为的那样，它并非始于19世纪，而是可以追溯至古代。每一个时代都有其理论、信念、偏见、演化、倒退、纷争和疾病。歇斯底里盛行于19世纪末，而"自恋式倒错"正侵蚀着当代社会。

因此，我们想简单讲述观念和治疗手段是如何演变的？三千多年来，它们又是如何致力于理解无形之物，并让我们从痛苦中解脱的？我们内心的迷宫将永远无法被说清道明。

目 录

心理学家的词语

"psy"[1]这三个字母集中了诸多观念、功能和概念。以下是几个关键术语的定义，我们通过它们能更清晰地了解探索人类心灵及其苦恼的领域。

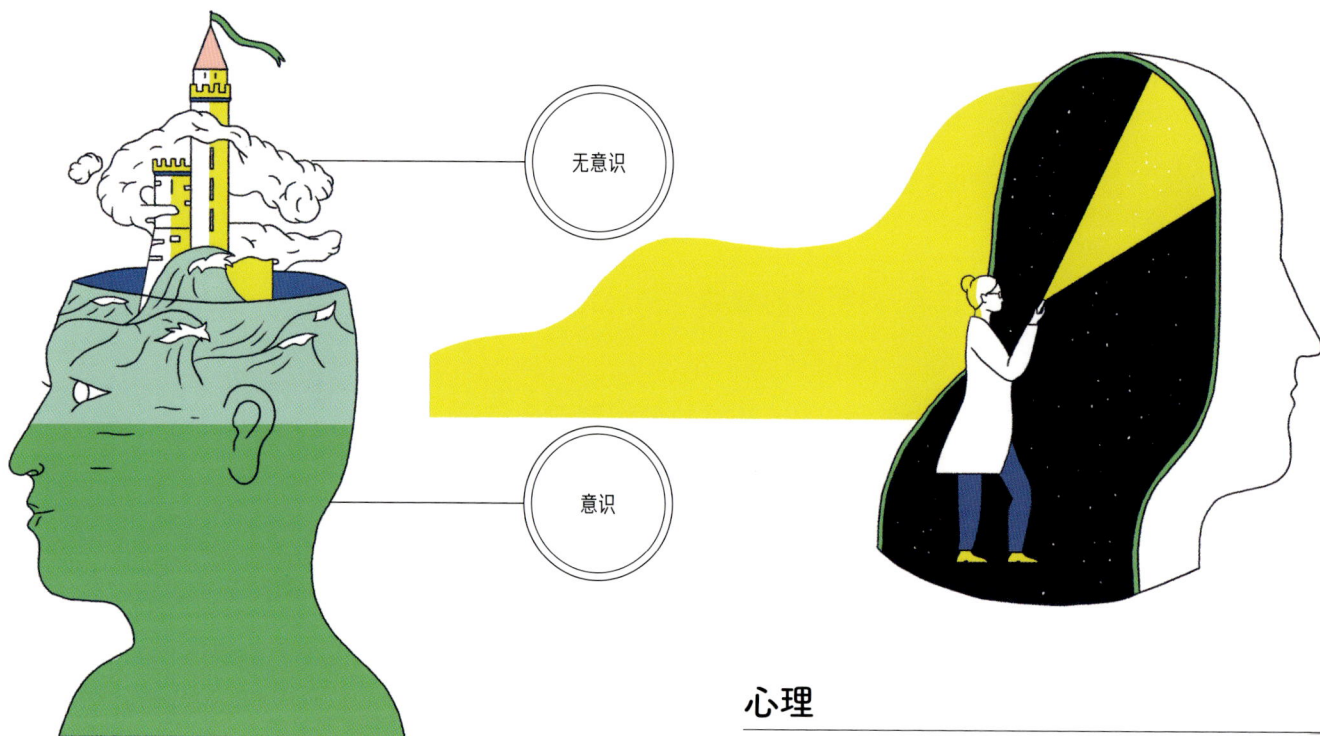

无意识

意识

心理

它指的是精神生活，也是我们无法确定其起源的某种事实，或许有两三百万年之久，我们在那个时代发现了第一个人类的痕迹。心理是由意识（思考和判断的能力，精神自身所具有的对其环境和行为的直观和认识）和无意识（所有内容被我们遗忘的心理现象）构成的。

心理学

这是一门庞大的学科，它源于哲学，心理学力图科学地、理性地理解和解释精神生活。心理学这个词语来自古希腊语的"psukhê"（它意味着"气息""心灵"或者"精神"）和"logos"（它指的是"推理"和"理性"）。心理学包含了多种手段、理论和方法，比如神经心理学、临床心理学、精神分析、发展心理学、社会心理学和职业心理学……

---

1 psy在法语中指心理学家、心理医生（译者注）。

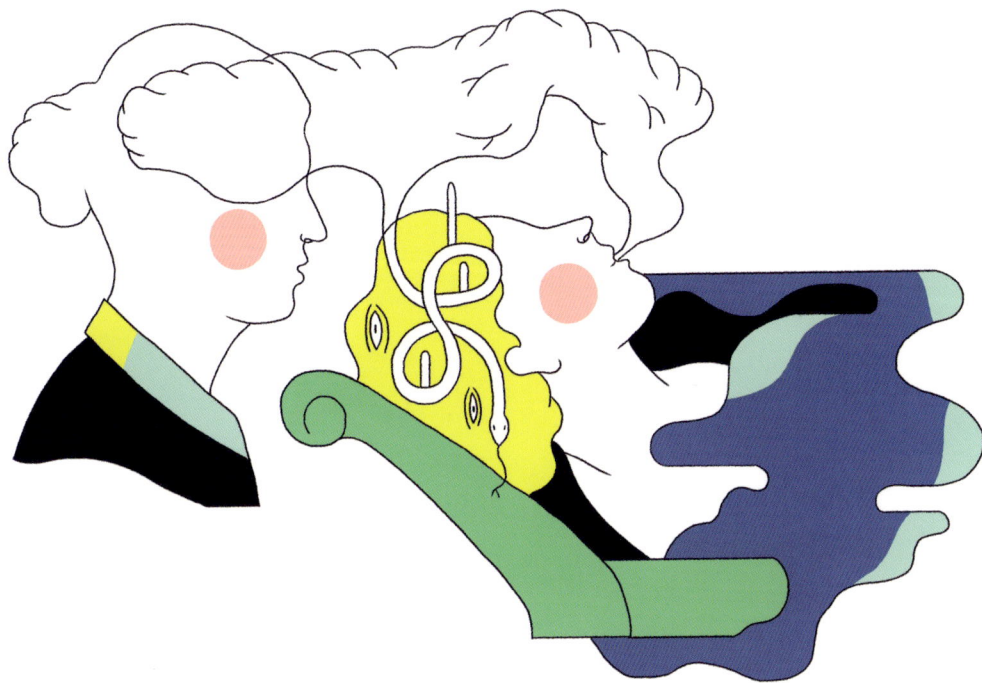

精神分析

它指的是一种治疗方法，一次思想运动以及由奥地利心理学家西格蒙德·弗洛伊德建立的一门学科，他于1896年创造了该术语。这是一种说话疗法，它鼓励患者参与观念的自由联想，从而力图探索无意识。它强调移情，一种在患者——也被称为"精神分析对象"——和其精神分析师之间建立的情感和力量的联结。精神分析基于两条关键原则：1）无意识的概念和2）性在人类生活中的关键角色。

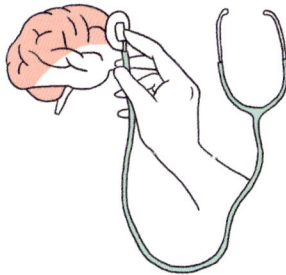

精神病学

这个词语直到1808年才在德国出现，1842年传及法国。它指的是治疗精神疾病的医学分支。它以分类学为基础，正是这些分类让精神病学家得以做出诊断，进而提出各种治疗方式，包括药物治疗。对于伟大的精神病学家亨利·艾伊而言，精神病学是一门不同于其他专业的医学专业，因为它是"有关受苦者的医学"。它不能只关注一种或者几种器官，还要考虑社会的、文化的、心理的……存在之整体的人。

介绍

心理医生的专业

去看"心理医生"，但怎样选择"心理医生"呢？几个庞大的分支同时存在，其中的每一分支又包含多种流派。训练、专业、方法，它们是四大类专业的关键所在。

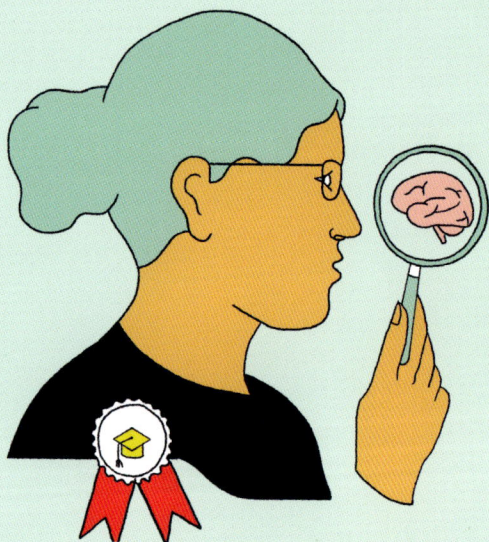

心理学家

规则很清楚："如要使用心理学家的头衔，就必须拥有心理学学士学位和硕士学位，并包括一份研究论文和一段专业实习经历。"硕士学位等级的训练内容结合了实验与科学心理学（测量、数据、调查、神经心理学……）和人文科学（学科的主要概念和历史）。一些学生专攻临床心理学，这项训练使得他们可以更具体地发现、了解和医治精神疾病和精神痛苦。此外，临床心理学家被允许实施心理治疗。

精神病学医生

这是一类医生：在6年学习之后，他们通过全国会考，并选择精神病学或者儿童精神病学专业。其受到的训练让他们能够给出处方，开药并实施心理治疗。他们可能接受过不同方式的训练：精神分析、认知行为疗法、催眠……这些诊治可以通过社保来报销。他们可以在医院或诊所工作。

精神分析师

他特别关注无意识的过程以及暗中活动的东西。精神分析师的头衔并不受法律保护：要成为精神分析师，必须学习精神分析，并保证在几年的时间里，每学期进行三到四次治疗。这项关于自我的学习还包括了理论的深化研究（阅读、参与研讨会和学习大学课程……），并受到训练有素的精神分析学家的监督。通常，精神分析师挂靠某一个精神分析协会。存在着几个方向不同的协会：弗洛伊德的、拉康的……一些精神分析师还接受了另一种培训：他们可能是心理学家、精神病学家或医生……

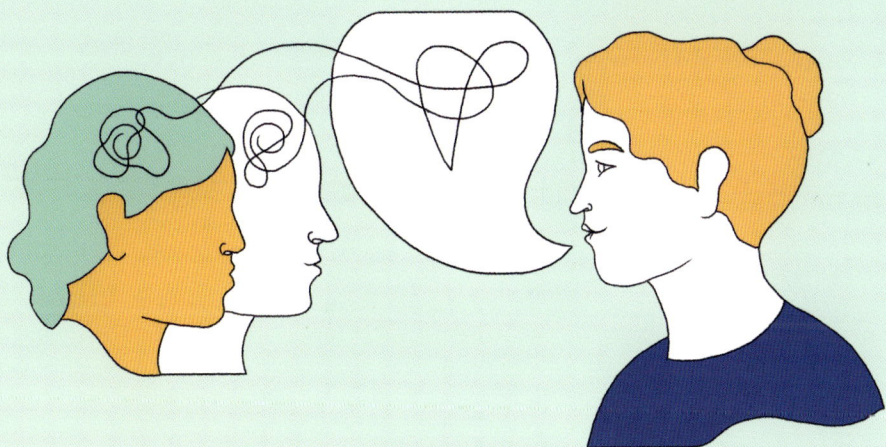

心理治疗师

他实施人文、行为、格式塔、配偶、家庭……的心理治疗。自2010年开始，其头衔受到了法律保护，并由巴黎大区卫生署（ARS）颁发。如果精神病医生和临床心理学家提出要求的话，他们有权获得这一头衔。只要接受过巴黎大区卫生署认可的训练，精神分析师也可以获得该头衔。

第一部分

心理学的起源: 心灵生活

身体和心灵

"心理学"一词直至16世纪才出现，但是这门学科自古以来就让人着迷。让我们从哲学家开始，正是他们兴致盎然地关注过它的成型。他们追问，身体和心灵之间的关系是什么？一元论者认为，二者是一体的。

一元论，单一性的哲学

在古希腊，"monos"一词指的是"单独"。克里斯蒂安·沃尔夫是一位哲学家、法学家和数学家，他生于波兰，在德国去世，正是他第一次在自己的论著《理性心理学》中首次使用了这个词语。他做出了如下定义，对于一元论者而言，心灵和身体是由唯一且相同的实体构成的。他区分了"唯物主义一元论"（心灵和身体是由出现在自然界的物质所构成的）和"唯心主义一元论"（身体和心灵都属于精神和理念的世界）。最早的一元论概念可以追溯到古代。

埃利亚学派的存在

埃利亚学派诞生于地处意大利南部的埃利亚城，由色诺芬于公元前5世纪创立。哲学家巴门尼德是色诺芬最有名的弟子之一，他提出："存在和思想是同样的东西。"巴门尼德属于前苏格拉底时期，对西方哲学影响深远。他是形而上学——也就是存在的科学——的源头所在。埃利亚学派可以被定义为"唯心主义一元论者"。他们推崇的是思想对于感官的优先性，对于精神和身体不加区分。自有存在之时起，它就是永恒的。没必要操心死亡！

伊壁鸠鲁，各种状态的身体

伊壁鸠鲁只留下了一些书信和格言。但是，他的哲学数世纪以来给人留下了不可磨灭的印象。对于这位伟大的唯物主义者而言，"灵魂是一个由散布在我们身体中的微粒组成的实体……"他写道："那些说灵魂是一个无形存在的人空话连篇。"在公元前306年，他在雅典购置了一套带花园的住宅，在那里开创了自己的学派（被称为"花园学派"），并传播自己的教诲："幸福是所有存在的目标，重要的是避免痛苦。"他为节制、简单、自然的快乐的满足而辩护，为此他断言："为了免遭痛苦，我们可以做任何事情。一旦这在我们身上实现，一切灵魂的风暴都会平息。"

身体还是心灵？

用身体反对精神，以及相反的观点，这是种二元论的信条，笛卡尔是其最著名的代表人物之一。但是，西方和东方的很多哲学家自古以来就秉持着这一理论。

笛卡尔，最著名的二元论者

"二元论"这一术语和"一元论"一样，是由克里斯蒂安·沃尔夫首次应用在心理学上的。他是从笛卡尔那里借用来的。笛卡尔在1641年的《第一哲学沉思集》中坚持："心灵事实上不同于身体。"在这位哲学家看来，心灵依靠上帝赋予我们的观念而产生了思想。因此有了著名的"我思故我在"。身体只是实体，它不能思维，无法提供任何知识。笛卡尔是最著名的二元论者，但是，身心分离的相关理论在他之前就有了：早在古代，就有很多希腊哲学家和东方的修行理念捍卫这一观点了。

毕达哥拉斯，
高深莫测的神秘主义者

哲学家、天文学家、数学家、音乐学家毕达哥拉斯的生平始终如谜，就像他的死亡……他只留下了一些由其同时代人和学派——有时也被看作是教派——所保留的思想的痕迹。意大利哲学家伊拉利亚·盖斯帕里解释到，毕达哥拉斯认为身体是心灵的监狱，而心灵会从一个身体移动到另一个身体中，无论是人类的还是动物的，因此他是一位"有点萨满色彩的"哲学家。他看到空气和阳光中到处都是灵魂，还认为它们会影响我们的梦境，向我们传达某些预兆。

数论派，瑜伽理论

曾几何时，自性（prakriti）和神我（purusha）是世界诞生的两大原则。数论派是诞生于印度的印度教哲学，它就以上述这种理论的二元论为基础，而瑜伽也起源于其中。根据这一灵性论，宇宙是自性与神我这两大元素组合而成的，它们也存在于人类之中。但是，人类充满了无法满足的欲求，由此同时承受着生理和心理上的痛苦，而这些痛苦让人类失去了成为神我的可能性。由此就有了冥想和练习瑜伽的必要性，瑜伽也是数论派为净化自己的精神并获得幸福而进行的实践。

你知道吗？

"soma"一词出现在"心身医学"和"躯体化障碍"中，在古希腊语中表示"身体"，荷马是个例外，他在《奥德赛》中用它来表示……尸体。

柏拉图，第一位心理学家

心灵由欲望、理性和意志构成，我们通过对话对它加以引导和治疗……这位哲学家的思想孕育了伟大的基本概念和治疗原则。

善

美　好　勇气

理念

可感世界

可理解世界

一个博学之士

阿里斯托勒斯诞生于约公元前427年，逝世于约公元前347年。因为他肩膀宽阔，或者因其独一无二的额头，可能它长得异常之高，他便将名字改为了柏拉图（在希腊语中"platus"意为"宽"）？难解之谜！无论如何，这位雅典大家族的继承人是众多著作的作者。他的伟大理论被称为"理念论"，该理论认为存在着两种实在：一个是我们可感的、物质的、短暂的世界，这是一个由物体构成的世界；另一个是我们可知的、永恒的世界，包括知识、理念、心灵。理念——美、善、勇气……——是真实的，其中地位最高的是善，它能够指引我们。理念自我们诞生起就在我们身上了，但我们却一无所知。要把握理念，就必须通过苏格拉底的助产术，一种让心灵分娩的对话艺术。

身体，它是仆从

身体是自由思考者的阻碍，它让我们远离理念的美妙世界，而不是把我们引向那里。何以如此？柏拉图也许会说是因为"感情"，这同精神分析家雅克·拉康如出一辙。身体及其需求和感觉，欺骗人类并让他们偏离自己的使命：对知识和真理的探索。柏拉图断言："它用欲望、胃口、恐惧、各种假象、琐事充斥着我们，让我们永远不可能去思考，什么都不思考。"在他看来，必须训练我们的躯壳，最终让它服务于我们的心灵。如何做到呢？"通过专注于体操，健康饮食，聆听音乐……"

心灵马车

"可以说，它就像一种由两匹飞马和其车夫协作而成的力量。"柏拉图用马车的形象来表现心灵的三个部分。车夫就是理智，柏拉图认为理性位于大脑中；两匹马组成的马车：其中一匹驯良，且充满勇气，这是位于心脏中的意志，另一匹则顽劣且焦躁，这显然是位于下腹部的欲望。这位哲学家承认，在这样的情况下，"这是一项车夫从事的艰难且毫无乐趣的工作"。数世纪以后，弗洛伊德确认了三个重要的心理动因——"本我""自我"和"超我"——像极了柏拉图的马车。

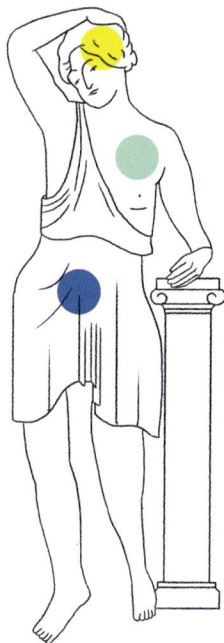

你知道吗？

柏拉图倡导"心灵教育"，它是"在私人聚会中通过谈话来引导心灵的艺术"。所以，通过谈话进行治疗的理念由来已久……

亚里士多德，思想的愉悦

亚里士多德如此热爱思索，并将其视作幸福之源。不过，这位柏拉图
过去的弟子和其导师却大相径庭，他赞颂物质生命、自然和感性。

逻辑学的开创者

他无疑是柏拉图最知名的门生之一，曾是位于雅典的学
园——柏拉图学园——的学生。导师曾称他为"学园的
智者"。这是理所当然的，因为亚里士多德热衷知识，从
生物学到诗学，从形而上学到伦理学，从修辞学到心理
学，他无所不通。他还发明了三段论，一种基于演绎的著
名推理模式。亚里士多德最终在诸多问题上和柏拉图对
立，尤其是心灵和身体的问题。也许，后辈必须在知识的
祭台上"弑父"，这是他的神圣图腾。

从感觉到理智

理念——美、勇气、善等抽象概念——铭刻在纯粹的精
神中，这一柏拉图式的神话被亚里士多德叫停了！亚里士
多德并不相信先天观念。人类诞生之时就是白纸一张，他
通过慢慢地将他的环境内化，从而获得了思想，也就是通
过感官来把握环境。因此，心灵是不能脱离身体的。两者
缺一不可，他写道："没有必要去追究心灵和身体是不是同
一个东西，更不用去追究蜡块和蜡块上的烙印是不是同
一个东西。"明确地说，这是一种赋予我们活力的生命的气
息。人类的心灵高于植物和动物的心灵，因为人类并不满
足于只拥有进食、生育和发展感觉的能力，他还拥有理性
和智力，并且渴望知识。

幸福的秘诀

亚里士多德可以称得上是积极心理学的开拓者，他也对幸福的问题感兴趣。他认为，这一人性的圣杯并不是感官的满足，也不是留给"粗鲁"的个人的愉悦。幸福也不是力量和荣耀，简而言之，幸福就是内在的智慧，对知识的追寻，对理性和智力的运用和发展。通过沉思，人类可以平息自己的痛苦，并迈向极乐：我思故我乐！

你知道吗？

亚里士多德在很多方面堪称先驱，但他还是犯了一个小小的生理学上的错误。柏拉图主要把心灵定位在大脑中，他的弟子和他相反，将它定位在心脏中，因为它比我们的脑袋要热得多！

希波克拉底的体液

每一年，医学院都会让学生宣誓。希波克拉底，名副其实的"医学之父"，他改变了人们对器质性障碍和精神性障碍的观点。

希波克拉底，医学之父

很难确切说明希波克拉底的一生，在这位大名鼎鼎的医学人物的身上，有如此之多荒诞不经的传言和故事。他是一个医学之家的后人，他变革了古希腊的疾病治疗方式。他认为，人类之所以受苦，并不是因为诸神的怒火，而是由他们的生活方式和环境因素造成的。他主张，为了提出尽可能精细的诊断，医生应该致力于对病人进行长时间的仔细观察。他的分析深深影响了柏拉图、亚里士多德以及后来的盖伦。

血液质

黏液质

黑胆质

胆液质

体液理论，一分为四的人类生命

在古希腊时期，"体液"这个词语被用来描述活器官产生的液体。在著名的论著《论人类本性》中，希波克拉底指出，人类的疾病源于四种在人体中流通的、被称为"体液"的液体的失衡。血液来自心脏，黏液来自大脑，黄胆汁来自肝脏，黑胆汁来自脾脏。人类是一个流质的大型机械，当流通达到平衡，人便安然无恙。相反，如果一种液体相对于其他液体过量，疾病就会出现。必须恢复和谐，比如，当血液被判断过量时，就得采用放血疗法。

疯狂，大脑的疾病

希波克拉底命名了几种类型的心理障碍，比如精神错乱、癫痫、狂躁症、抑郁症和癔症（歇斯底里的雏形）。他并不是精神疾病的发现者——古巴比伦或古埃及文明中已经出现并提到精神疾病——但他是不再采用"疯狂之神"或"疯狂之魔"的先驱之一。在他看来，大脑是所有"异常严重的疾病"的源头：我们是因此才疯掉的。过于潮湿的大脑造成了我们的谵妄，变冷的大脑会让人染上"冷静的"疯癫，多胆汁导致的发热的大脑则会让人变得癫狂："吵闹、胡作非为，一直亢奋。"所以，最好还是调节好大脑温度……

021

心灵在哪里?

它存在着, 好吧, 那么它究竟藏在哪里呢? 希罗菲勒斯和盖伦, 这两位古代的伟大医学家采用了一种理性的方法, 试图将它找出来。这两位神经科学的鼻祖在这个问题上都有自己的理论。

希罗菲勒斯, 解剖者

希罗菲勒斯出生于离古拜占庭不远的迦克墩, 他受希波克拉底影响研习医学。他虽然给人看病, 但也特别热爱医学研究。他搬到了那个时代的科学乐土亚历山大, 他被认为是古代最好的解剖学家之一。他发展了自己的天赋并扩展了生理学的知识, 他还是解剖人体的先行者之一。他的一些同时代人指责他的残忍, 还造谣他对囚犯进行活体解剖。

大脑, 万物中心

希罗菲勒斯认为, 一切都出自大脑, 并对它进行了仔细的观察和描述。他发现了脑有两个半球, 并确认了小脑以及离小脑不远的第四脑的存在。在他看来, 心灵就在那里。心灵充满了对神经系统来说至关重要的液体。心灵并不能被归为意识和理性(确切说来, 它们位于前额皮层和前额叶皮层), 希罗菲勒斯也许不是完全错的……他从不同的观察中得出的结论, 被归入我们所谓的"脑室理论"中。

盖伦，药学家之父

他是希波克拉底之后第二位伟大的古代医学人物。盖伦26岁时完成了哲学和医学的学习，而后在他出生的城市帕加马成了医生。他在那里发展了解剖学和创伤学方面的能力。和希罗菲勒斯一样，他进行解剖活动，但只针对动物。放血是他最喜欢的治疗方式之一。他被认为是药学之父，撰写了超过500篇的医学和哲学论文。他的"盖伦式学说"继承并发展了希波克拉底的体液理论，尤其还将它同体质——血液质、黏液质、黑胆质和胆液质——的概念结合了起来。

心理元气

动物元气

物理元气

心理，"奇妙网络"的创造

盖伦继承了希罗菲勒斯关于大脑以及柏拉图对三种心灵进行区分的观点。他认为，生命的本质是元气（"气息"），并将其一分为三：

心理元气，它位于肝脏之中。它是血管、血液和进食的能力之源，它引起了欲望。

动物元气，它在血脉和心脏中。它是呼吸和体热之源，并引发了情绪。

物理元气，它产生于"气脉网络"（拉丁文：rete mirabele），"气脉网络"是由交织在大脑底部的动脉组成的。

治疗心理

"抑郁症""躁狂症""狂乱"……一些精神性障碍很早就被识别出来了。古代人关注精神痛苦，为的是将它们识别并治愈。

从狂乱到抑郁症

无论是哲学家还是医生，古代人都曾努力地定义痴呆症和其他心灵的病痛。但是，一个转向因希波克拉底而发生了，他是医学的奠基人，那些后来者都步其后尘；他画了一张精练的症状图，对发展快速的急性疾病和发展缓慢的慢性疾病进行了一次科学分类。急性疾病包括：精神错乱、狂乱、伴有高烧的激动型谵妄，以及昏睡症和嗜睡症，这种连续不断的迟钝状态伴随着一个不可能被唤醒的病人……慢性疾病包括：引发谵妄和激动不安的躁狂症，当然了，还有陷入悲伤并厌恶一切的抑郁症。后两种疾病之间的联系自一世纪起就得到了描述。它们之间的周期性更替而今被归在"双相情感障碍"的名下。其诸种病理存在了数世纪。

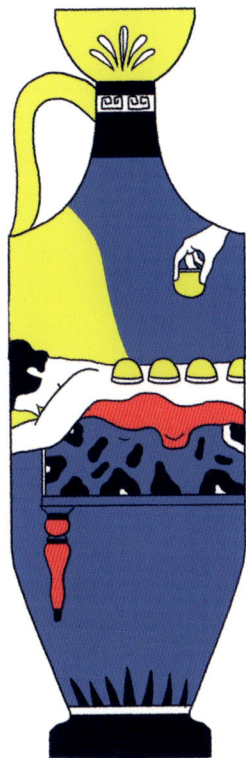

学派概况

在希波克拉底之前和之后，数种医学观点并存着，它们互相冲突，互相取代。教条派直接延续了希波克拉底的学说，它将心理病理学归结为体液紊乱的后果，主张仔细观察病人的身体构造及其环境。相反，经验派重视医生的经验和专业知识，由此提出诊断。所谓的"方法论"学派认为，身体是由运动的微粒构成的，在受阻时疾病就会出现，而精气论学派则坚称，平衡的根源是精气，在人体中的良性循环，即"气息"。最后，盖伦的折衷派坚持气质和体液相结合的理论：黄胆汁占主导会让人脾气坏（易怒），血液让人血色好（活泼），黑胆让人悲观，黏液让人冷静。

各式各样的治疗方式

在古希腊并不存在收容所，也没有医院，但存在着广泛的治疗方式。在医学之神阿斯克勒庇俄斯（拉丁文：Esculape）的神庙中有治疗式祭祀，人们试图通过精神疗法、致幻的植物、释梦……来医治。还有体育锻炼，在吊床上摇晃或者摆动病人，以及音乐疗法。暴力并非不存在，人们有时候使用隔离、铁链或者鞭子。医学治疗试图通过斋戒、涂药膏、放血、拔火罐来调适心理，还有服用效果剧烈的泻药，可以明确地缩短痛苦。

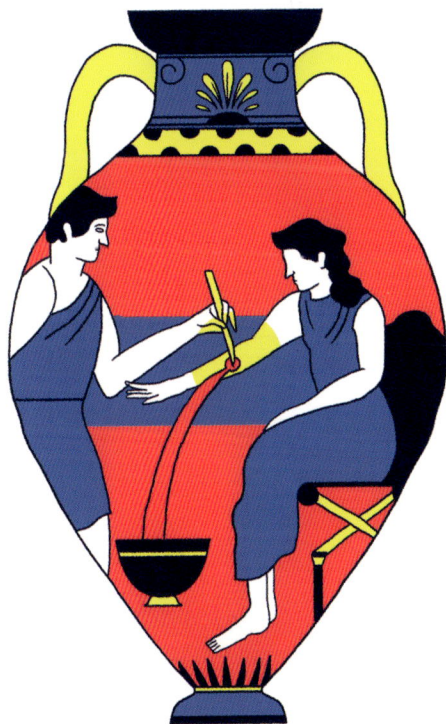

第二部分

精神痛苦，对科学的信仰

疯狂，宗教的幸运

这是一种恩赐，但更是一种神的诅咒……在中世纪的基督教时代，精神障碍和宗教实践是相关的。首当其冲者就是病人。

一种神罚

在古代，至少直至中世纪基督教时代，疯狂尤其被视为一种宗教行为。对于希腊人而言，疯狂既不得体，也不是由身体的失常状态导致的，它是诸神向惹恼、蔑视他们的罪犯和傲慢者施加的惩罚。对于希伯来人而言，它和罪孽密不可分，会落到那些敢于冒犯耶和华的人的身上。中世纪基督教世界没有一丝半毫地改变过这条由历史学家克劳德·奎特尔总结的规则："罪即疯狂；疯狂即罪。"

魔鬼的标记还是上帝的标记?

数个世纪以来，精神疾病反映了信仰的善恶二元论：邪恶和有福的疯狂互相对立地共存着。在中世纪，疯狂和宗教之间的虚幻联系达到了巅峰：上帝的疯人，传教士和预言家，他们胡言乱语，宣扬世界末日，而魔鬼和女妖——他们控制了纯洁和童真的灵魂，让其坠入罪孽、恶行和暴力中——的传说也盛极一时。必须驱除疯狂的统治和着魔的疯女人。抑郁症和躁狂患者被指责魔鬼附体。

你知道吗?

第一座基督教医院诞生于374年。但是精神疾病患者会因缺少住处而受到限制甚至被拒收。

声势浩大的朝圣

宗教在中世纪的流行并没有让科学的研究和演化变得容易。治疗方法重复了古代的老路：在医学那里是催泄、放血、浴疗和特殊的食疗；在治疗学那里则是祭祀传统，它在各种大型祷告中蓬勃发展，而它们并不真地以人为本。每一种疾病对应着一个圣徒、一个地方或者一个场景……那些有时难以驯服或暴躁不安的"疯子"会受到鞭挞，他们被绑在担架上，而后被抬进小教堂里，在那里，队列游行和祷告仪式会持续九天。显然，在教会看来，"奇迹"发生了。在病人和他的家人的眼中，这是另一回事了。

蒙田，"心理学家之王"

通过其著名的《随笔集》，蒙田首度将人类置于关注的焦点。他是自我分析的先驱，他将自己当作研究对象，并因此揭示了人类心灵隐秘的内在。

我描绘的就是自己

蒙田是中世纪蒙昧主义黑暗时期的出口。在他一个人身上体现出了文艺复兴时期全部的人道主义：占据大地的不再是上帝，而是人类。通过其著名的《随笔集》，被誉为"心理学家之王"的他推动了心理生活和宗教的分离。"我描绘的就是自己。"他在开场白中向读者解释。也正是因为他讲述的是他自己，并且只讲他自己，他才能向我们讲述我们自己。他明确地写道："每个人都包含着人类作为整体的形式。"想要引导他的生活意味着需要认识他自己，而要做到这一点，就必须不偏不倚地观察自己，避免用闭塞视听的想法自欺欺人。只有这样，人们才能"深入他内心隐秘的深处。"

意义和实质

"我喜欢磨砺我的心灵，而不是去填充它。"成为智者，而非学者。蒙田认为，小孩不是通过知识的填充而成为聪慧、友好且明智的人的。不应该用一个"漏斗"去灌输大脑。心灵不应该被严格的规则束缚，被死记硬背过度填充，或者相反，沉湎于想象的幻觉。它理应在学习过程中得到温和、精心且细致的指引。通过这样的方法，良知才能在其分析和判断中获取智慧、公正、宽容和自立。"意义和实质"才是人类精神所渴求的。

练习死亡

"预先思考死亡就是预先思考自由，知道如何去死的人，不知道怎样做奴隶。"对死亡的意识是所有美好生活的先决条件。哲学的实践让我们得以预防即将到来的死亡的悲伤，并享受此时此刻。蒙田的思想是一种运动的思想，他说："我不描绘存在，我描绘转变。"在1915年一篇题为"浮生"的短小而优美的文章中，弗洛伊德回到了这一易逝的主题。

一些日期	
1533年2月28日	蒙田出生于多尔多涅的蒙田城堡。
1557年	与艾蒂安·拉波哀西相识并和他结下了热忱的友谊，后者于1563年去世，时年32岁。
1580年	《随笔集》的第一卷和第二卷出版。
1592年9月13日	在他的城堡中去世。

怎么对待疯子？

精神病专家吕西安·博纳费指出："我们按照一个社会对待疯子的方式来判断其文明程度。不能确定的是，中世纪是否是一个典范时代……

一个社会问题

中世纪被错误地表现为疯狂的黄金时代，实际上它深受精神疾病的困扰。即便家庭和村庄可以接纳精神残疾之人，即便宗教提倡善待他们，但他们并没有摆脱羞辱。低能者可以被容忍，但是，病症越重，社群就越不会接受他们。怎么对待抑郁症患者、自杀者、有暴力倾向者和躁狂症患者？把他们藏起来，关进楼梯下的小房间、谷仓里，如果父母有钱，那就把他们关进修道院。档案也记录了13和14世纪在城市中漫游的疯子。许多城镇试图通过强制或暴力来驱逐他们。

监狱和疯人院

一些危险的病人被关进监狱，但空间不够，因此他们人数也有限。在中世纪末期，卡昂（Caen）、里尔（Lille）和圣奥梅尔（Saint-Omer）等城市都建造了疯人院，只有部分病人被囚禁其中。财力不足以支持真正的管理，没有空间，没有看守，没有钱去满足基本需求。有时候疯人会被大量地拴起来，这倒不是虐待，只是因为缺乏人手。

你知道吗?

阿维森纳是阿拉伯医学家和哲学家，他于1020年完成了《医典》，由此建立了自古代以来的第一个详尽的精神障碍分类。它是中世纪末印刷量最大的著作之一。

一种新的古代健康和治疗体系

与此同时，医院发展起来，随着场地增加，住在那里的病人的人数也增长了。从14世纪开始，专职服务在德国、法国和英国的一些大型机构里出现。人们如何在那里进行治疗呢? 首先，医生是不存在的: 他们主要在城市行医，靠近那些能付钱给他们的家庭。但随着时间的推移，医院具备医疗条件了。直接承袭自古代的特定治疗方式根据病症而被组织起来: 针对抑郁症患者的补药，针对躁狂症患者的镇静剂，针对癫痫病患者的镇静剂……有时它们也搭配着同样古老的疗法，比如冷水疗法，热水浴……

最早的现代护理

18世纪末，精神病护理的精神之父让·巴蒂斯特·普辛和医生、哲学家菲利普·皮内尔改变了对病人与病人管理的认知。这是精神病学的开端。

巴黎总医院

在疯狂的历史上，1656年被视为转折期：一项皇家法令确定建立巴黎总医院，用以关押巴黎市区和郊区的穷人与乞丐。这个地方同我们今天的医院迥然不同，它很快就容纳了四千到五千名穷人。它包括了五个机构，其中的比塞特尔医院收容男性，萨尔佩特尔医院收容女性。其理念是将边缘人和流民关起来。外省的大城市也都拥有各自的总医院。精神病人并未得到特别关注，但逐渐地，一些区域被留给了他们：在18世纪末，他们在巴黎总医院管辖人员中占了10％，在外省则占了几个百分点。哲学家米歇尔·福柯从中看到了"禁闭疯人"的权力意志的征兆，他在1961年阐述了"大禁闭"理论。在历史学家看来，尽管该理论十分出色，也闻名遐迩，但有欠精准。

你知道吗?

"精神病医生"（psychiatre）一词出现于1802年，正值皮内尔在世之际。而"精神病学"（psychiatrie）和"精神病学的"（psychiatrique）这两个词直到1842年才出现于法国。

先锋: 皮内尔和普辛

他们是精神病学诞生的全部。1793年9月，菲利普·皮内尔医生和学监让·巴蒂斯特·普辛相识于巴黎总医院。菲利普·皮内尔刚被任命为比塞特尔医院的主任医生。他在那里发现了主任学监让·巴蒂斯特·普辛对那些"焦躁的疯子"采取的革命性方法。普辛曾是皮革商，也是个病人，因为"冷体液"而被拘禁在比塞特尔医院，在康复之后，他逐渐占据了一席之地。他招募康复的病人来协助他，他深信，"为了推进这些不幸之人的治愈，必须温和地对待他们，而不是虐待他们。"皮内尔看到了结果。他信服了，并运用了他的学监的方法。这对搭档革新了治疗方式，为新的临床和理论方法奠定了基础。

锁链的故事

菲利普·皮内尔因为一个虚构的场面而创造了历史。人们多年来讲述的是，他摘下了被拴在比塞特尔医院里的疯子身上的锁链，然后又"解救"了萨尔佩特尔医院里的疯子。这一举动因为两幅画而流传后世：一幅是夏尔·路易·米勒于1849年绘制的《皮内尔摘掉比塞特尔医院里的疯子的镣铐》，另一幅是托尼·罗贝尔-弗勒里于1876年完成的《1795年皮内尔在比塞特尔》。皮内尔或许在观察了普辛的做法之后将治疗方式变得人道了，但取消比塞特尔医院里疯人的锁链其实发生在他离开之后。为何会有这样一种虚构呢？这是为了保持和维系天选之人的神话。人们将这个故事归功于菲利普的儿子，后者本人也是一个精神病学家。我们从中明白了，儿子何以并未弑父……

分类、诊断和治疗

科学地判断、确认病痛，带着同情心和耐心——而不是冷酷和暴力——加以医治。大变革中的一小步：精神病学接纳人道主义。

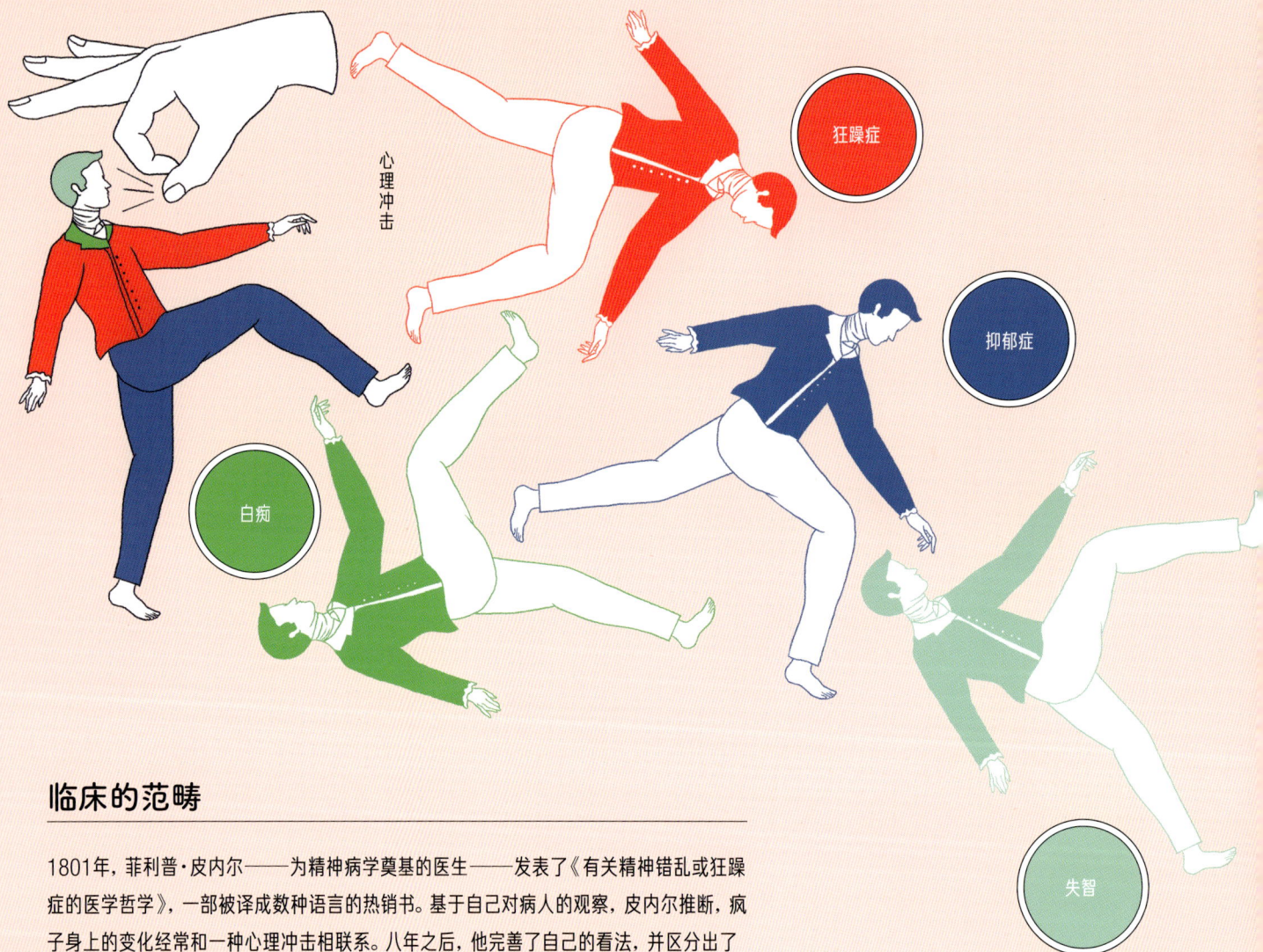

心理冲击

狂躁症

抑郁症

白痴

失智

临床的范畴

1801年，菲利普·皮内尔——为精神病学奠基的医生——发表了《有关精神错乱或狂躁症的医学哲学》，一部被译成数种语言的热销书。基于自己对病人的观察，皮内尔推断，疯子身上的变化经常和一种心理冲击相联系。八年之后，他完善了自己的看法，并区分出了四种主要的病理学范畴：躁狂症，即激烈的或整体的谵妄；抑郁症，即巨大的悲伤导致的部分谵妄；痴呆症，即由衰老和退化而导致的智力损伤；白痴，即智力发育缺陷。

埃斯基罗尔提供了收容所

让-艾蒂安·多米尼克·埃斯基罗尔是皮内尔的爱徒，二人共事于萨尔佩特尔医院。埃斯基罗尔是其导师的直接承继者，他于1805年出版了一部描述幻觉现象的论著，并阐述了偏执狂的概念，这是一种只关注特定领域的疯狂。他还区分出了情绪偏执狂、理智偏执狂和本能偏执狂。埃斯基罗尔在理论上进行了分类，在实践上同样如此。他确信，必须避免将精神病人和其他人混在一起，应该为他们留有专门的护理和机构。1838年，经过一次有效的游说运动之后，他获得了对这样一项法令的赞同，它要求每个省都具备一座收容所，设立精神病专家的职业，他们是在收容所担任护理管理的专业的专职医生。精神病学由此成了第一个创立的医学专业。

道德治疗

在皮内尔看来，由于精神痛苦是一种"道德"冲击的产物，因此可以通过一种"道德治疗"得到治愈。由精神病学之父建立的这一治疗方法的基础在于病人和医生之间的对话原则，医生试图通过温情的说服将病人引向理性。还有一些技术也受到了推崇：病人的隔离，因为他的家庭和社会环境可能是有害的；人道主义，即避免谴妄的想法而采取的行动；权威，以便设定心理健康并对其进行观察。病人的人性第一次得到了重视和尊重，即便他被看作是一个必须擦亮眼睛去监督的小孩。

你知道吗?

在皮内尔和埃斯基罗尔的影响下，被用来描述精神疾病的"insensé"被源于拉丁文alienus（"属于另一个的"）的"aliéné"所取代。这一方式意味着，病人对于他自己而言是陌生的。

精神病学的黑暗与光明

一边是大人物的太阳形象，他渴望医学知识。另一边是一个深刻而审慎的人。在19世纪末，由于这两位既杰出又不同的科学家，心理学和精神病学经历了重要的发展。

神经症的拿破仑

在皮内尔看来，萨尔佩特尔医院还有另一位重要人物。如果说皮内尔奠定了精神病学的基础，那么让-马丁·夏科则为神经病学奠基。在到萨尔佩特尔医院之后，他负责管理的病人均患有周期性神经疾病且原因不明。夏科是出色的解剖学家和临床医生，他发现，某些病症的病因是精神上的。现在的对神经症的定义部分地归功于他：病人可意识到的没有器质性病变的周期性精神障碍。彼时，他享誉国际，刻薄的作家莱昂·都德写道："他整个晚上都在会客，我们看到的是世界级的明星。"在接踵而至的外国医生中，有一位叫西格蒙德·弗洛伊德……

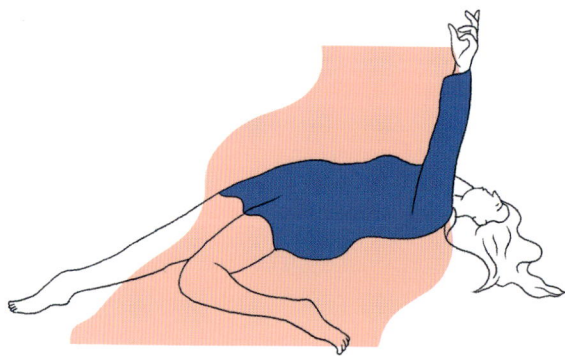

先兆期

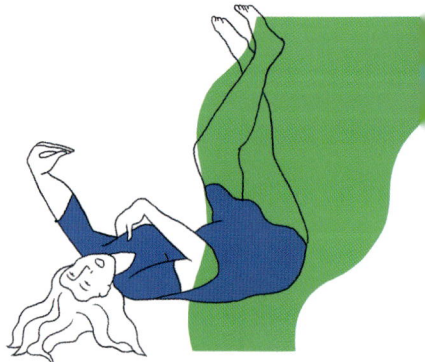

阵挛期

歇斯底里症与希波克拉底

在萨尔佩特尔医院时，夏科尤其对一种神经症感兴趣：歇斯底里症，它自希波克拉底以来被定义成一种女性病症，可以导致各种各样的身体上的不适！夏科注意到，这种疾病也会发生在男性身上，他对一些他认为是"精神上的"男性麻痹症的案例感兴趣，并觉得这是创伤的来源。他努力描述了歇斯底里症的四大类特有阶段，还把它们画下来：在"先兆期"，仍有意识的病人开始亢奋；在"阵挛期"，面呈青灰色的病人叫喊并昏厥；在"强直期"，病人身体抽搐；在"恢复期"，病人流泪、发笑，有时则会发狂。他将被改变的意识状态——歇斯底里症的发作会让病人陷入这种状态——和催眠进行了比较，自1878年起，他会在紧邻巴黎全景饭店举办的一些会议上使用这一技术，这些会议有时会公开。

天才的皮埃尔·让内

他是"拿破仑般的"夏科的反面。皮埃尔·让内博士由哲学家变成了医生，他默默地受教于那位萨尔佩特尔医院的明星，他的理论贡献并不少于夏科，因为法国的精神病理学的创立要归功于他。他在神经症中看到了心理脆弱的表现。夏科对他的才华一清二楚，还把他安置在一个实验心理学的实验室里。皮埃尔·让内感兴趣的是什么呢？不受意志影响的行为和现象——我们如何在没有意识的情况下机械地完成一些行为？在他看来，这些都是下意识的展现。他在1889年首次使用了这一术语，宣告了它的到来。

你知道吗？

皮埃尔·让内和西格蒙德·弗洛伊德——这两位都去过夏科家里 一在思想认识上势同水火。让内驳斥了某些弗洛伊德的理论。他想同弗洛伊德对话，但后者拒绝了他。

强直期

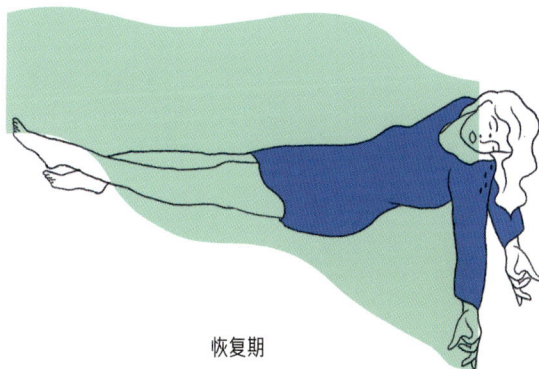

恢复期

第三部分

心理学的黄金年代:
从精神分析到现代疗法

弗洛伊德的革命

精神分析之父是如何发现并推动他的学科的? 培养能够带来激励的友谊。

从医学到神经学

"敢于认识!"诗人贺拉斯的这句话完美地匹配年轻时候的西格蒙德·弗洛伊德。在还是个出类拔萃的高中生的时候,他非常犹豫地选择了医学,他承认,他对医学"没有任何喜好……我其实是受了求知欲的驱使。"一开始,临床并非他的首选。他热衷于研究,去从事了可卡因———他还食用过———的研究,而后转向了神经病学和精神病学。他在巴黎的萨尔佩特尔医院实习期间,关注并沉迷于夏科关于歇斯底里症和催眠方法的著作。不久之后,他用法语写了一篇文章,在其中系统地揭示了精神障碍中的歇斯底里症。他提出了另外一种可能的成因:病人个人或家庭史中的性诱惑经验。

安娜·O的案例

在维也纳时，弗洛伊德成为一位私人医生。约瑟夫·布洛伊尔是他的朋友兼同事，曾向他讲起一位病人。她以安娜·O这一化名著称，弗洛伊德写道："这位资产阶级出身的年轻女子表现出怪诞的样子：痉挛、麻痹症、抑制和精神紊乱状态。"由于这些表现都没有器质性的源头，布洛伊尔首先使用催眠疗法。有一天，安娜·O详细讲述了她的某个症状的出现，数天之后该症状就消失了。这位医生很快将该发现付诸实践，并称之为"精神发泄法"，而安娜·O则将它命名为"谈话疗法"。这个故事确立了弗洛伊德的理论标杆：要进行治疗，就必须发现与症状源头相关的创伤记忆。

友谊和理论

弗洛伊德的工作从他的友谊中受益。在他因为理论上的分析而同布洛伊尔决裂之后，他迷上了柏林五官科医生威尔赫姆·弗里斯，后者发现了一种谵妄症理论：鼻反射性神经。在他看来，生殖器和鼻子相关联，后者在工作期间会膨胀……让我们跳过并继续。两人间的友谊促使弗洛伊德发展出他的思想。催眠和创伤理论让位给了对幻想的反思，在他看来，这种想象的产物构成了第二种现实，即"心理现实"。精神分析关注的正是这种现实。

一些日期	
1856年5月6日	生于莫拉维亚的弗莱贝格
1860年	弗洛伊德家族移居奥地利的维也纳
1877年	追随夏科实习
1887年	结识弗里斯
1900年	最后一次和弗里斯会面。检测其基于梦的阐释和自由联想的新方法
1939年9月23日	逝世于伦敦

来源：精神分析辞典，米歇尔·普隆和伊丽莎白·卢迪内斯库，法亚尔出版社

心理生活，使用说明

人类的心理现象是如何构成的？是什么让我们活着？弗洛伊德有一些关于这些问题的观点。

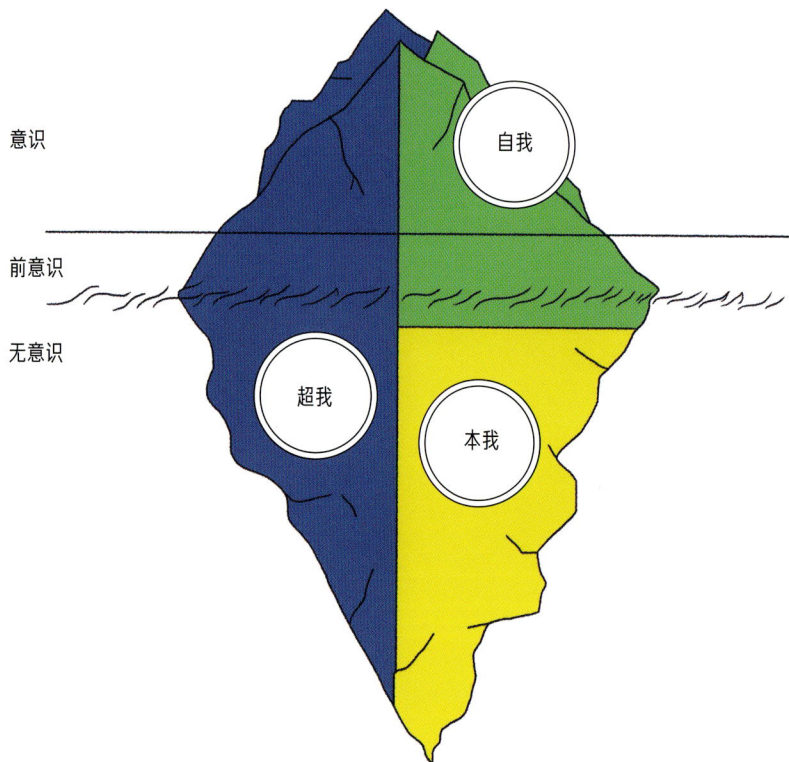

意识

前意识

无意识

自我

超我

本我

心理机制

我们的心理在三个层面上运作：意识、前意识和无意识。意识，这当然是我们对自我、环境，以及我们与世界之间所保持的联系的感知。前意识，它是意识的会客厅，是那些我们实际上并未意识到的，但也未被压抑的胡思乱想。无意识，这是记忆中最重要的部分，是被记忆所深藏、存储和压抑的一切。在这三个层面上，弗洛伊德加上了三种机制："自我"，他指出，它"相当于人们所谓的'理性'和'理智'"，并让我们能够同外部世界交流；"超我"，它是我们的警察，它以我们的生存模式和"自我理想"为名，整合了我们对父母和社会禁忌的解释；"本我"，弗洛伊德总结道，这是我们的冲动的蓄积，"其中充满着激情"。

厄洛斯和塔纳托斯: 冲动

我们心理机制的发动机, 就是冲动。冲动是具有生物学基础的力量, 它引导着我们, 是我们的无意识的功能的源头所在。它们驾驭我们, 只要求我们快乐。最重要的一种是力比多(libido, 快感的拉丁文写法), 是潜在的性的心理能量、生命的能量, 汇聚着我们的欲望: 现实的或者想象的性, 我们的爱欲、情欲。它服从快感原则。弗洛伊德在1920年提出了死亡冲动(塔纳托斯), 它们在重复和后退中涌向死亡状态。

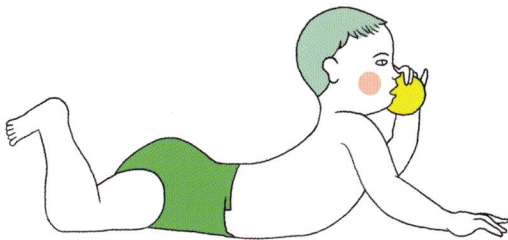  

口腔期　　　　　　　　　　肛门期　　　　　　　　　性器期

发育期

力比多强迫我们去追求性快感, 在我们的发育过程中, 它处于身体的不同部位。在弗洛伊德看来, "无论身体的哪个部位, 只要能引发性欲", 都是不同时期力比多的体现。孩童在其生命的最初7年中经过了三个时期:

——口腔期(最多持续至18个月), 可以从嘴部(吃奶, 吸吮, 吸食物品和手……)和消化机制中获得快感。
——肛门期(从18个月到3岁), 快感是从操纵括约肌、从潴留和排泄中体会到的。这一时期体现出一种社会化的学习过程。
——性器期(3岁到7岁), 快感从对生殖器官的兴趣而来。

以上三个时期之后是一个潜伏期, 而后是生殖期, 它是从青春期开始的, 使个体能够获得成年人的性欲。

精神分析：治疗的源头

创伤、幻想、无意识、俄狄浦斯情结……弗洛伊德逐渐建立起了精神分析及其治疗技术的基础。

神经机能症

1895年，在《歇斯底里症研究》中，弗洛伊德和其同人约瑟夫·布洛伊尔探索了歇斯底里症的心理成因，它们是一些无法解释的生理学现象（瘫痪、痉挛，呼吸障碍、视觉障碍、昏厥……）。在那些受害者身上，既不存在谎言，也不存在疯癫。弗洛伊德阐述了被他称为"神经机能症"的神经症理论：某人虐待了孩童时期的病人，后者隐瞒了这一事件并压抑了他的情感，记忆和情感被保留在意识之外。但总有一天，这段记忆和情感会再次浮现，并表现为焦虑等症状。为了让它们消失，必须恢复并记录病人的经历。

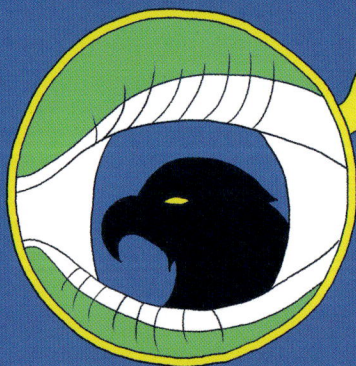

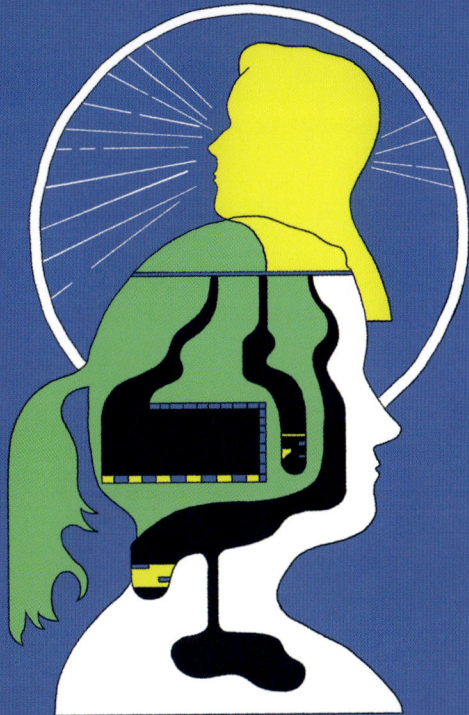

无意识和俄狄浦斯情结

1897年，弗洛伊德在给其好友弗里斯的信中写道："我不再相信神经机能症。"为什么？他说，因为它导致了一系列治疗上的失败，那些病人都"逃跑了"。他发现，"在每个病例中，都必须谴责倒错的父亲"，并且最终无法区分虚构和现实……因此，弗洛伊德改变了思考路径，他认为，病人的遭遇有可能并未真正发生，而是出自幻觉或想象的产物，直接经验与间接经验的结合物，甚至是没被意识到的欲望。弗洛伊德从自身来思考，反思自己可对母亲的爱以及对父亲的嫉妒。他勾勒出了著名的俄狄浦斯情结的理论轮廓，用以表明儿童无意识地对父母中的异性的爱欲，以及对于同性的敌意。弗洛伊德认为，俄狄浦斯情结是心理世界的组成部分，它是未经思考的，并且发挥最基础的作用。

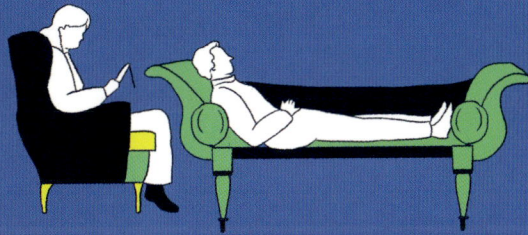

一种方法

在弗洛伊德的时代，精神分析治疗按照每周六次的频率进行。在今天则灵活得多：每周1—4次，时长不一。在精神分析诊所中，病人被称为"精神分析的对象"，他需要躺在长沙发上，看不到坐在他身后或身旁的扶手椅中的精神分析师。弗洛伊德对待病人有这样一条规则：病人必须"讲出在他内心发生的一切，即便对他来说很痛苦"，我们称之为"自由联想"。分析师不带偏见地去聆听，病人置身于一种完全随意的氛围中，就这样，事件、叙述和谈话之间的联系建立了起来。

你知道吗？

在精神分析期间会发生一种"移情"：精神分析对象将他所体验过的，对于一些重要人物的欲望和情感投向分析师。这是治疗中的一个关键的过程。

梦，通向无意识

这是精神分析理论和实践的支柱。从他自己的梦开始，弗洛伊德写下了奠基性的作品，致力于阐明神秘的梦的道路，它通向我们隐秘的欲望。

"捷径"

弗洛伊德在《梦的解析》中写道，梦是"一条捷径，它通往心理生活中的无意识"。这本重要著作出版于1899年11月，是弗洛伊德"自我分析"理论的一部分。在他父亲雅各布去世以后，他着手将他对梦的回忆记录下来。他从其分析中推导出了俄狄浦斯情结，以及对雅各布的矛盾心理。他阐述的是什么论点呢? 梦是未被满足的、无意识的欲望表达，它们植根于童年。这些欲望因为道德原因在白天受到压抑，但在夜晚可以毫无风险地表达出来。睡眠也有助于部分地解除自我审查的障碍。正因为如此，必须经常像破解谜语一样地破解梦境。

三个重要范畴

从梦和无意识欲望之间的紧密关系出发，我们可以区分出三个范畴:
——毫无掩饰的梦，其内容能够直白且清晰地表达欲望，要么道德审查被我们的心理机制认为不重要，要么它还未建立自己内在的城墙，比如，儿童的梦境往往如此。
——被掩盖的梦，它们掩藏着不可告人的欲望，并借助了象征。
——清晰表达了难以忍受，也不可接受的梦，它们有时会导致焦虑，以至于睡着的人会醒过来。

毫无掩饰
的梦

被掩盖
的梦

不可接受
的梦

那么，噩梦呢? 弗洛伊德几乎未置一词。他将其归入"焦虑的梦"之列。1920年，他在《超越快乐原则》中还是承认，在他的梦中，患有创伤性神经症的病人"不断地被带回由事故组成的情境中，每一次都带着新的恐惧醒过来。因此，也许存在着病人对于精神创伤的固恋"。

梦的逻辑

如何破解一个人的梦呢? 让我们忘记符号的辞典吧! 梦的信息都是个人化的，只有做梦的人才能解释它们，而且他还掌握着解读梦境的钥匙，因为梦的工作就是让潜在的想法显现出来。它为此使用了多种方法，比如，它可以将情绪状态转化为图像。精神分析师安娜·杜弗勒芒特尔说到过一个病人，这个病人身处困境，非常不幸，曾在她的长沙发上提到了一个梦，梦中有一个扎着辫子的小女孩。在说出辫子这个词的时候，病人恍然大悟，是她的亲身经历让她陷入巨大的痛苦[2]。弗洛伊德也提到了梦的两个重要的花招: 1) 浓缩: 一株植物，一个人，一件物品，它们浓缩了多种意义。2) 转移: 梦中看似重要的东西，并不一定真的重要; 必须关注细枝末节。

2　在法语中，冠词des加tresses（辫子），其发音和"痛苦"（ détresse）近似。（译者注）

阿尔弗雷德·阿德勒，第一个反叛者

这位奥地利医生和心理疗法专家是个体心理学的创立者，他还是精神分析的第一个重要的异端。他相信社会关系的重要性和自我的超越。

弗洛伊德和阿德勒：个性的冲突

相比外向的弗洛伊德，阿尔弗雷德·阿德勒内向而谨慎，他不是这位精神分析之父的得意门生，也不赞同他的那些论点。阿德勒和他一样是奥地利的犹太人，比后者小14岁，他曾和弗洛伊德的圈子有所往来，而后因为观念上的分歧与这位大师分道扬镳。他的"个体心理学"理论认为，人的主要问题是如何在社会中和他的同类共存。

自卑感

阿德勒在六个孩子的家庭中排第二，他很妒忌自己的大哥——他也叫西格蒙德！阿德勒长得瘦小，还经常生病。他是不是从艰辛的儿时岁月中得出了结论："身而为人，就是感觉自卑？"阿德勒认为，儿童是在极度的依赖和自卑状态中成长的，而且，我们都承受着生理上的脆弱，我们的器官或多或少都有抵抗力。他将这一器官缺陷的观点转移到了心理学中：如果自卑感在成年阶段未被克服，就会导致神经症。

代偿

阿德勒认为，人类终其一生，都在试图超越他在生理和心理上的自卑感。为此，他会无意识地推动代偿过程，从而获得自我实现，并超越他的缺陷。阿德勒自己不就通过巨大的努力而成为医生，由此超越了他病恹恹的童年吗？

生活方式

儿童从幼年时代就开始建立自己的世界观了。阿德勒称之为"生活方式"："个人赋予世界和他自己的意义，他们的目标，他们的努力方向，他们面对各类生活问题时所采取的方法。"他说，要治愈受苦的人，就必须"发现整个生活方式中所犯下的错误……这就是心理学真正的任务。"

你知道吗?

阿尔弗雷德·阿德勒认为，弗洛伊德"是个狡猾而阴险的骗子"，他"从来不是他的学生"。

一些日期

1870年	生于维也纳
1895年	获得医学文凭
1902年	遇见弗洛伊德
1911年	辞掉弗洛伊德的机构中的职务
1913年	建立个体心理学协会
1937年	在苏格兰的一次巡回演讲中因为心脏病发作而去世

荣格，学生变对手

在内心生活中，不仅有性和厄洛斯！还有神话。正是在这点和其他问题上，弗洛伊德指定的王储卡尔·古斯塔夫·荣格同这位大师决裂了。

门徒

卡尔·古斯塔夫·荣格确信："我的生命就是无意识实现自身的历史。"他出生于瑞士的一个牧师家庭，独自长大成人。她的母亲因为三个孩子胎死腹中而郁郁寡欢，患有严重的抑郁症。这是否是把他引向精神病学的原因之一呢？他在厄根·布洛伊勒位于苏黎世的诊所工作了十年，后者是治疗精神分裂症的著名精神病专家。荣格还在巴黎和皮埃尔·让内一起研究歇斯底里症和催眠。他对弗洛伊德的研究产生了兴趣，于1906年同他取得联系。这是一段炙热的合作的开始。弗洛伊德视荣格为门徒，他写道："如果我是摩西，那您就是约书亚，您将支配（原文如此）心理学的希望之乡。"1908年，荣格组织了首届精神分析大会。

裂痕

1912年，荣格出版了《力比多的变化和象征》，他在这本书中公开反对弗洛伊德的理论。他在前言中写道："我肯定会失去和弗洛伊德的一切友好关系。"他还在另一处提到了"弗洛伊德心理学过于狭隘"。他认为，力比多并不是一种源于性的能量。它是一种心理能量，它的领域要比弗洛伊德所界定的大得多。在精神分析之父的思想中，性被考虑得太多，而我们的想象世界（梦、神话、图像）则被考虑得太少。力比多关涉生命所有的领域：食欲，对权力的渴望，创造力，性，以及"对神性的体验"，即"灵魂自发的活动"。他认为，宗教感情是我们无意识地所固有的。他痴迷于神话。1913年，两人彻底决裂。

力比多

分析心理学

1913年8月，荣格确定了自己的方法，即分析心理学。如果说弗洛伊德探索的是成因，那么荣格感兴趣的则是目的：如何成为自己？比起神经症的消除，他更重视他所谓的"个体化过程"。它涉及的是什么问题呢？摘掉社会身份的面具，进行内在转化，以将意识和无意识统一起来。分析心理学的会面每周进行一二次，尤其重视面对面的交谈。交谈可以或多或少地受引导，比如，精神分析师在一张列了400个"诱导"单词——"孩子""画""蓝""忧虑"——的单子上念出其中一个来，并要求病人马上说出第一个他能想起来的词。精神分析师根据病人的回答来推断该词是否触及了某个敏感的区域……

你知道吗?

自1932年起，荣格被指控同情纳粹。尤其是他曾经提出："雅利安人的无意识所具有的潜力远高于犹太人。"

荣格的概念

和弗洛伊德的科学方法不同，荣格对人类心理现象抱有一种灵性的、梦幻般的看法，并赋予它神奇的力量。

个体
无意识

集体
无意识

集体无意识

荣格的无意识不同于弗洛伊德的无意识。首先，荣格认为它"是意识的母亲"，这就是说，意识是从无意识中逐步形成的。其次，无意识具有双重性：存在着个体无意识和集体无意识。前者顾名思义，包含所有个人生活的元素：被压抑的回忆，心灵的状态，意识无法触及的事件的"真正的含义"，"我们努力避免的"批评和自我批评……这种无意识最容易为意识所把握。集体无意识将一切历史、痕迹、"人类几百万年的演化"深藏在我们心中。这一深邃而古老的底层就是本能，它被铭刻在我们的身体中。

原型：阿尼玛和阿尼姆斯

集体无意识中究竟包含着什么呢？一片混沌。它们是图像、表象、"可能性"、象征形式、表现在神话和传说（它们从人类自蒙昧时代流传至今）中的"主题"。荣格称它们为"原型"。阿尼玛和阿尼姆斯就是其中的两个。前者是每个男性身上的女性部分，他的女性补充。后者是出现在每个女性身上的男性部分。根据我们的性别，我们将自己的阿尼玛或阿尼姆斯投射到我们喜欢的人的身上。它会扰乱我们同他人和我们自己的关系。阿尼玛和阿尼姆斯因此应该被识别、被克服，并被控制，好让我们的人格摆脱那些缠绕着它的伪饰。

内向　　　　　　　外向

你知道吗?

荣格相信心理世界和具体世界之间的统一性。他阐述了"共时性"的概念,这是一种具有意义的巧合:某个来自梦中的看法或者某个预兆——无意识的表现——恰好和一个现实事件碰撞,并且赋予它某种意义。

人格的类型

荣格区分出了两类主要的先天人格:外向和内向。这两种性格间的著名对立要归功于他。在外向人格中,力比多,即心理能量,植根于外部世界和复杂的交流中;在内向人格中,力比多则植根于其内在、思想和感情……接着,他将这种区分和四个重要功能组合起来:直觉、情感、感觉和思维。比如,一个人可以是外向直觉型或者内向思维型人格……在荣格看来,每个人都有他的"人格公式"。

阿尼玛

阿尼姆斯

055

温尼科特，儿童的声音

英国儿科医生唐纳德·伍兹·温尼科特可以被认为是儿童精神分析的奠基者。基于他对幼儿的临床经验，他提出了开创性的基本理论，这些理论比以前任何时候都更具现实意义。

一种原始的精神

是因为他在英国普利茅斯的一个港口长大吗？温尼科特终其一生都在海上漂泊，以避开那些先入之见，开辟新的世界。在成为儿童精神分析师之前，他当了20年儿科医生。他是弗洛伊德的崇拜者，但他毫不犹豫地挣脱束缚，以推行这样一种独创的实践，即以对婴儿的身体、运动和情感关系的观察为基础。在他看来，"思想和经验相联"，正是在他针对儿童所做的工作的经验中，他获得了理论上的结论。他喜欢提醒人们："不存在婴儿。"

"足够好的"母亲

温尼科特声称："婴儿是不存在的。"言下之意，没有母亲或母亲式的人物。他解释道，不需要去努力做到完美。婴儿时期所必需的是如下情况，当婴儿想要某样东西时，母亲或主要的依恋对象（奶瓶，乳房……）出现了，通过抱持（holding），也就是用身体去抱住婴儿，心理上支持他，以及其处置（handling），也就是她的照顾、姿势和专注，母亲——承担这种养育功能的人——让婴儿获取了一种连续且稳定的情感，这对婴儿的成长来说是至关重要的。

拥有毛绒玩偶的人

我们将一些重大发现归功于温尼科特,比如毛绒玩偶的重要性,他称其为"过渡性客体"。他在1953年将其理论化。他通过这个概念揭示了什么呢?儿童在6—8个月大的时候会"强烈地依恋"一个客体(绒毛、衣服、布……),后者使他"脱离对母亲本身的需要",让他能忍受这种缺失,也就是和他赖以生存的某个生命的分离,并让他感到能够掌控自己所遭遇的事情。正是靠着这个他最终会放弃的客体,人类才能发展出一种内在生活和"独处的能力"。

精神药品的发现

1951年，神经生物学家亨利·拉博里偶然发现了一种对人类心理具有镇静效果的分子。精神药理学由此诞生了。

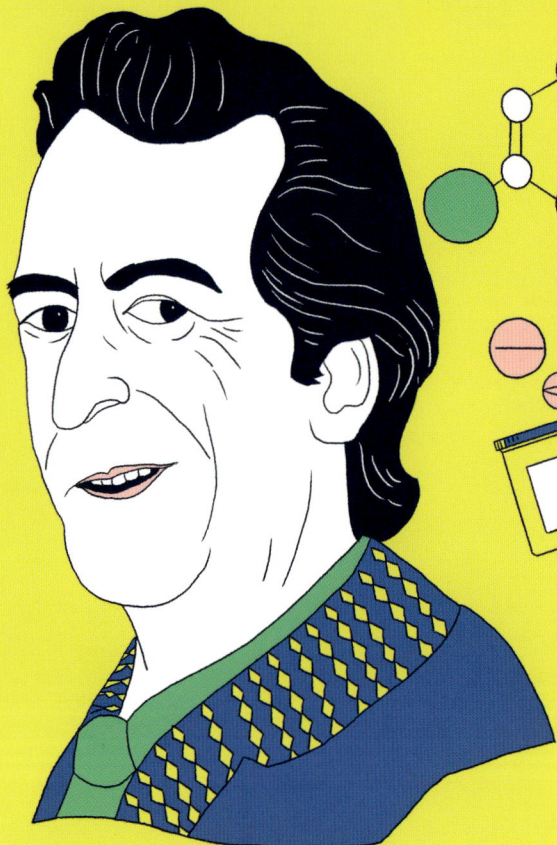

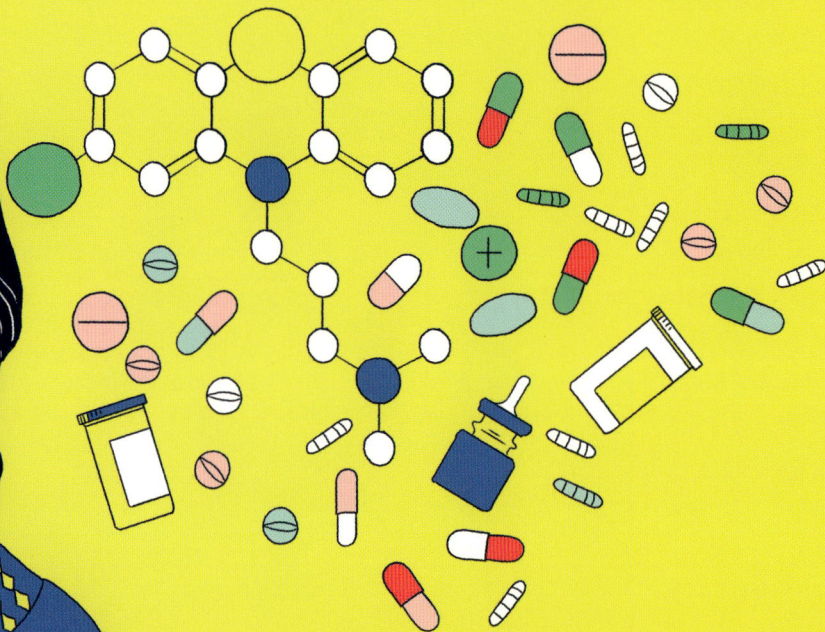

拉博里、德雷和德尼尔克: 三位革新者

他优雅的外形、催眠般的嗓音和他的经验让阿仑·雷乃一部关于人类行为的热门电影《我的美国舅舅》大放异彩。神经生物学家亨利·拉博里是多么有趣而迷人的一个角色啊……1951年，他在巴黎的圣恩谷医院当军医，在研究麻醉的时候，他发现了一种名为氯丙嗪的分子有镇静的效果。他想在精神病学领域中探索其舒缓效果，并于1952年说服了让·德雷和皮埃尔·德尼尔克这两位在圣安娜医院行医的教授，让他们给那些患有谵妄和焦躁的病人服用氯丙嗪。结果妙不可言: 氯丙嗪起了镇静作用，并缓解了精神错乱和幻觉。

你知道吗?

精神病专家马里翁·勒博耶和皮埃尔-米歇尔·洛尔卡最近写道，在所有类别的病人中，"1/3的病人在治疗之后不再出现症状，1/3的没有表现出任何改善，1/3的有部分改善，且症状减轻。"

七个主要类别

在拉博里的发现之后，药物研究在20世纪50和60年代取得了飞速的进步。自那以后，研究就停滞了，但是，这并不妨碍药物消耗量在70年代的激增。德雷和德尼尔克对所谓的"作用于精神的"药物进行了分类，并将它们定义为："一种天然或者人工合成的化学物质……能够改变精神活动。"

存在着七大类这样的物质：

——神经安定剂，主要用于精神病和严重的病理（丧失和现实的联系，谵妄和幻觉……）；

——镇静剂或抗焦虑药，可减轻痛苦和焦虑；

——安眠药或催眠药，用来帮助入眠或者维持睡眠；

——抗抑郁药，用于抑郁症，也用于焦虑、悲伤等；

——精神兴奋剂；

——鸦片类的镇痛剂，对这类药物的过量服用使美国在2017年发生了史无前例的死亡潮；

——情绪调节剂，比如锂盐，针对的是双向型障碍或者躁狂抑郁病患。

灵丹妙药？

诚然，精神药品改变了治疗方法，为实施精神疗法提供了可能性，过去则只有恐惧、暴力、沉默和监禁。某些痛苦可以通过这些药品而减轻，重病患者和医护人员之间会建立起联系来，但是，奖章有另一面：严重的副作用（颤抖、僵硬、心脏问题……），依赖和成瘾风险。一些药物，比如氯丙嗪，会导致精神运动迟缓，用于治疗焦躁过度的病人，被称为"化学约束衣"。

亨利·艾伊和器质动力论

融合神经病学和精神分析,支持更为人道的治疗,将自己奉献给病人……精神病学家亨利·艾伊在所有的理论和治疗战线上进行战斗。

亨利·艾伊,精神病学的"教皇"

亨利·艾伊认为,精神疾病是一种自由的病态,它摧毁了自由意志,他因此为解放他的病人们而奋斗。艾伊拒绝在精神分析和神经病学之间进行选择,而是采纳了一条中间道路,由此成了战后精神病学中最重要的人物之一。他拥有哲学和医学文凭,在圣安娜医院里和一个叫雅克·拉康的人一起实习,我们稍后再讨论后者。他博学多才、出类拔萃,参与了战后的卫生体系的改革和医院——其中许多看上去像监狱——的革新,并且提出了一种综合性的方法,它融合了神经科学、弗洛伊德的心理学和哲学。

你知道吗?

艾伊是个满怀信念的人,他想提升自己在医学专业领域的地位,并于1950年创立了世界精神病学协会。

博讷瓦勒之路

1933年，在结束自己在巴黎的主治医生职务后，亨利·艾伊被任命为博讷瓦勒精神病医院的主任医生。博讷瓦勒是本笃会的修道院，建于857年，于1861年成了疯人院，随着这位精神病专家的到来而发生了改变。艾伊让厄尔-卢瓦尔省的这个名不见经传的机构构成了一个研究场所，多次成功的研讨会在这里举办，其记录也将被出版。它的声誉延续至今。在第二次世界大战期间，他努力让自己的病人得到合理的看护和治疗，——在这个时期的法国，有大约四万名精神病人死去。在20世纪50年代，他进行了数次让人难忘的治疗试验，在其科室里设立了"睡眠室"。一个见证人讲述道，在一片"幻想和梦境般的神秘氛围中"，六七个病人身处"集体会议室微弱的蓝光里，水缸中的金鱼伴着轻柔的音乐，创造出一种舒缓和短暂回归的氛围"，他们"登上同一条睡眠的邮轮"，持续三周时间。

综合性的理论

亨利·艾伊认为，精神上的痛苦应该得到全面检查。他于1936年首次提出他的理论，即器质动力论，其基础包括了生物学、神经病学、社会环境和心理组织。受英国神经病专家约翰·休林斯·杰克逊的著作的启发，亨利·艾伊认为，精神上的痛苦具有一个器质性的基础：这些痛苦在他看来和高级脑功能的衰退有关，正是这些功能让我们能够自控，它们还支配着我们的社会行为。对他而言，"精神疾病是一种现实和自由的疾病，它同意识存在的解体相关，就像梦一样"。艾伊对其实习同伴雅克·拉康提出的精神分析方法进行了延伸，并指出，治疗尤其应该包括对病人的聆听。

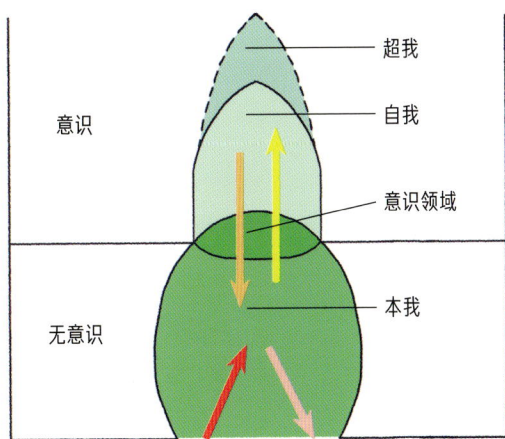

超我

自我

意识

意识领域

无意识

本我

压抑
升华
力比多
死亡本能（destrudo）

拉康，蛊惑人心的王储

他是弗洛伊德之后法国精神分析学界的另一位重要人物。雅克·拉康聪明、强硬，也让人不安，他以其激进的思想长久地影响了知识界和精神痛苦的临床治疗。

为存在而决裂

雅克·拉康是一个天主教资产阶级家庭的长子，出生并成长于巴黎，他所在的环境让人窒息，在同一片屋檐下与他朝夕相处的是虔信的母亲和同自己父母冲突不断的父亲。由于房子中弥漫着宗教气息，他的弟弟后来成了本笃会修士。在他出色的中学学习期间，拉康靠文学和哲学而得以解脱，尤其是斯宾诺莎，其思想深深影响了他。他同其出生环境决裂，转而攻读医学，并专攻精神病学。他还同超现实主义者和其他艺术家往来——他娶了演员西尔维娅·巴塔耶为妻，这是他的第二次婚姻。文学、哲学和语言学极大地丰富了他的理论体系。拉康有着自由的精神，为了追求自己的渴望，毫不惧怕决裂，为了开办私人诊所，他离开了公立医院，还于1953年主持巴黎精神分析协会——一个代表了弗洛伊德运动的组织。此外，他还连续创立了两个精神分析协会，在去世的前一年，他解散了其中的一个，即巴黎弗洛伊德学院。

你知道吗?

雅克·拉康是伟大的艺术爱好者，他于1955年获得了古斯塔夫·库尔贝的名画《世界的起源》，这幅画描绘了一个女性生殖器。他向其姐夫，身为艺术家的安德烈·马松订购了题为"色情风景"的木版画，并把《世界的起源》藏在了这幅画的后面。

精神病的激情

如果说神经症，尤其是歇斯底里症，是弗洛伊德发现精神分析的动力所在，那么推动拉康前进的则是精神病，这些在未被病人意识到的情况下产生的谵妄和幻觉，还被他们认为是现实。他之所以对此感兴趣，还要归功于他实习时追随的加埃唐·加添·德·克雷宏波，后者是激情谵妄方面的重要专家，被拉康视为其"唯一的精神病学导师"。此外，拉康的医学论文研究的是一个患有被爱幻觉症的病人，这是一种觉得自己被人爱的谵妄性幻觉。他确信，精神病并不基于缺陷，而是一种语言关系。他从这个角度出发谈论精神分析，此后在那里开辟出了自己的道路。

是您说过"晦涩"吗？

从20世纪60年代到80年代，一大批法国知识分子麇集于雅克·拉康的研讨班，但他们并不总能理解这位大师的话。实际上，要领会他的发言并不容易：拉康的思想如此复杂，知识如此渊博，从一门学科跳进另一门，医学、语言学、哲学、人类学、精神分析，对于其追随者而言，在拉康的千头万绪和百折千回中轻松地跟上他的思想绝非易事。拉康的口头授课内容只留在他的女婿雅克-阿兰·米勒的部分抄本中。

拉康的概念

拉康宏伟的理论体系艰涩而复杂，很难被把握。这位大师的思想就算未遭曲解，但至今仍被误读。不过，一旦对他的著作产生兴趣，也就有了摆脱自己的成见，并发现新世界的可能性。

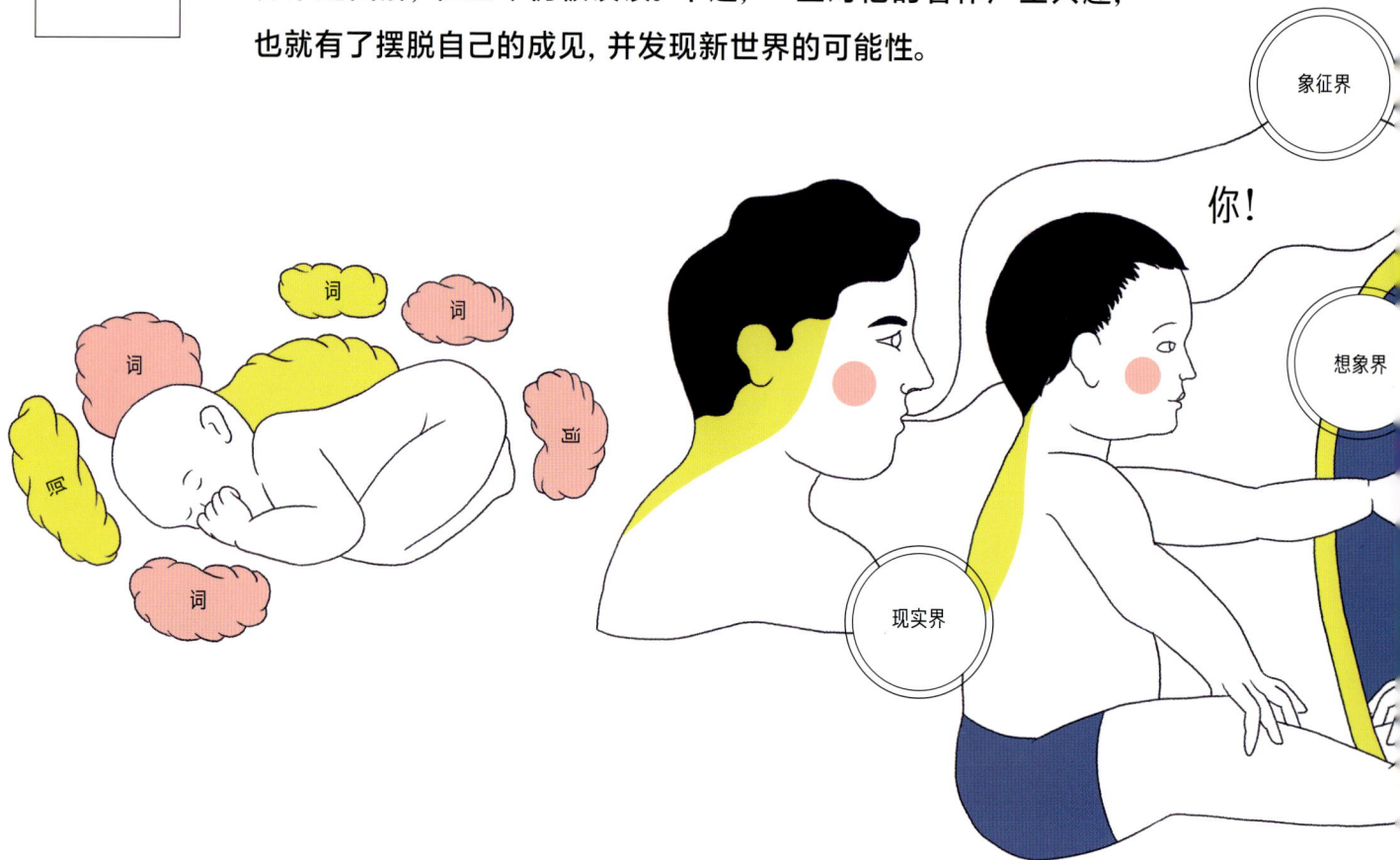

象征界

你!

想象界

现实界

词

"言语，言语，言语"

由于热衷语言学，拉康确信词语在人类的生活和心理现象中的重要性。他解释道，我们就出生于语言的浴缸。当一个小孩来到世界，迎接他的是不停围绕着他的话语，因此在他整个的成长和生活中影响着他。拉康喜欢玩弄语言，讨论"言在"。这一状况的后果又是什么呢？语言在我们对自己身份的意识中起着关键作用。6-18个月大的小孩面对镜子时就将明白，这个镜像就是他自己，并将自己和眼前的这个统一体等同起来，因为父母向他确认，这个镜像就是他："是的，这就是你，我的女儿（儿子）。"这往往会让小孩欣喜若狂。拉康指出，语言在有意识和无意识中构造着我们，这让我们回到了弗洛伊德：后者不就把梦视为有待破解的谜语，并关注同那些充斥我们夜晚的图像相关的语词的语音意义吗？

你知道吗？

在和拉康共进晚餐时，作家、符号学家安伯托·艾柯讲道，精神分析师帮助他去理解了，如何通过使用餐具来摆脱严重的个人危机。

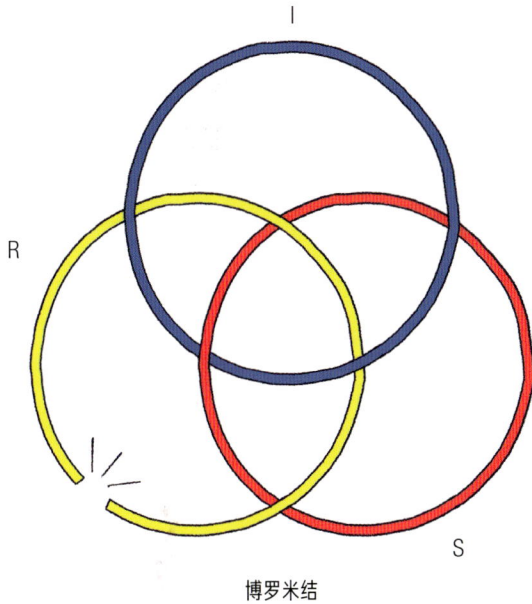

博罗米结

实在界、象征界和想象界

在拉康看来，存在着"三种主要的人类实在性界域"：象征界（S）、想象界（I）和实在界（R）。如果我们回到小孩子的镜像阶段，这是想象界，镜子给予他的正是图像。象征界，赋予这一图像以意义的父母的言谈（"是的，这就是你！"）。实在界，这是焦虑，一切没有意义，一切摆脱了语言和表象的东西。实在界，就是我们无法命名的东西。拉康将"RSI"这三种范畴纳入他所说的"博罗米结"中。这个结抵御着疯狂，但是，如果一个结脱落，其他几个就会松开，由此导致精神疾病。拉康解释道，除非像作家詹姆斯·乔伊斯那样，通过写作或者其他活动将这三个松开的范畴互相连接起来。

违规

拉康对理论反思的实践后果进行了推断，对精神分析的架构进行了大幅调整，尤其是建立了时间灵活的会面。四十五分钟的规定一去不复返了！时间依内容而定：当精神分析对象说出一句揭示其幻觉的话，分析师会打断会谈，为病人打开大门，让他把一直被某个症状所掩盖的东西说出来。从过去直到现在，一些不严谨的分析师始终在曲解这一原则，利用它来缩短会面时间。

词

闭嘴

机构治疗法

这是精神病学史上一次罕见的运动，它以自由为其基础。它的原则影响了法国的护理系统，而今却离它越来越远。

"自由，我写下了你的名字"

1940年，加泰罗尼亚精神病学家、精神分析师弗朗索瓦·托斯盖勒为逃避弗朗哥主义而流亡法国。位于洛泽尔的圣阿尔邦医院的院长保罗·巴尔维特联系了他。巴尔维特正招兵买马，对其机构进行改革和人道化。由于其西班牙文凭在法国不受认可，托斯盖勒只能在那里从护士做起。时值战争，食物短缺：先是托斯盖勒和巴尔维特，而后在1943年至1945年期间则是吕西安·博纳菲，他们将病人送去田间干活以换取食物和物资。圣阿尔邦医院开放了。空气和生命在那里流通，等级制淡化了，各种活动和游戏将护士和受护理者团结起来，病人出入自由；抵抗运动的战士和艺术家来此寻求庇护。保尔·艾吕雅在那里写下了《疯人院的回忆》，一首关于七个病人的长诗。1953年，托斯盖勒掌管医院——他在那里一直待到1962年，那是持续地改革体制的时代——并为"机构心理疗法"奠定基础。该疗法是由另一位重要的精神病学家、战后的改革领导者乔治·多梅宗于1952年命名的，这是一种针对患有严重精神障碍（精神病、孤独症、抑郁症……）的病人的方法。

命运共同体

根据精神病学家、历史学家雅克·霍克曼的分析，托斯盖勒意识到的是："关心环境也就是关心病人，环境自身可以变得具有治疗作用。"原则很简单：如同在精神分析中，言论自由就是规则所在，必须以民主的方式让这种自由无处不在。因此，护理人员和被护理者一起在共同体中生活，一起工作，培育简单的快乐。病人享受由医生、护士以及教育工作者和社会工作者构成的治疗团体的支持，他们关心病人，帮助他们重建生命的故事线。

然后呢?

随着向社会开放的场所（疗养公寓、心理学中心、日间医院……）的诞生和替代性选项的出现【比如神秘的拉博德（La Borde）私人诊所，它位于库谢韦尔尼区（Cour-Cheverny），很长时间里由2014年去世的精神病学家让·乌里执掌】，机构治疗法的概念持久影响了精神病学。托斯盖勒叹息道，由于经济要求、各种核算方式和官僚作风的拖累，这一运动的精神正在死去。他在去世前不久还谴责了"管理的瘟疫"，正是它在破坏法国的护理体系。

家庭治疗

如何消除精神痛苦？系统论者认为，要通过走出自我，并对交往和联系产生兴趣……

帕罗奥图学派

如果心灵的状态、内心的冲突是由一种失衡的环境引发的呢？这就是系统性方法的假设，它是由帕罗奥图（加利福尼亚的一座城市，紧邻圣弗朗西斯科）学派于20世纪50年代和60年代发展起来的。英国人类学家格雷戈里·贝特森是这一学派的创始者之一。20世纪50年代，他的团队在一个医院任职，关注患有精神分裂（这些严重的精神紊乱表现为谵妄，幻觉，思维和语言的紊乱，激动，专注力和注意力的减退）的病人的行为。他发现，病人在被其父母看望了之后，经常会焦躁不安，并陷入危机。从他们的研究成果中诞生了两难境地的理论：在帕罗奥图学派看来，一种矛盾的交流模式可能会导致这一精神冲突和崩溃，这就是精神分裂。

就这么干!

别这么干!

两难境地

对于系统论者或者家庭治疗专家而言，"没有疯子，只有疯狂的关系"。而且，在这些关系中，明显地表现出了两难境地，一种导致困扰的交流模式。这意味着什么呢? 比如，一位母亲向她的孩子传达的矛盾信息："来吻我。"他照做之后却听到："呸! 你弄湿了我的脸。"他试图讨人喜欢，但适得其反。他被置于一种艰难的处境之中，而这会导致他在一心寻求解决方法的过程中出现一些错乱的行为。结论很简单: 与其专注患者，不如关心患者置身其中的关系和系统，也就是家庭。

程序

在会面中，一家人都到齐了，通常还有两位治疗专家到场，他们会和这些参与者互动。有时候，一或两位医生会在单向镜后面观察会谈，并在征得这个家庭的同意后作记录。规则是: 每个人都要讲话，尽可能自由、自发地和其他人交流。在他们的干预中，系统论者更感兴趣的是"如何"而不是"为何"。他们也可能要求参与者进行一些练习。

认知行为疗法

有意识地对其心理和行为采取措施，自我约束，纠正错误……这就是认知行为疗法所倡导的，它的一些精神治疗的方法和技术自20世纪50年代以来不断发展着。

人是一种有条件反射的动物吗？

一只狗，特别是……一只鸽子，行为主义方法的发展归功于这两种动物。因为前者，俄罗斯人伊万·巴甫洛夫发现了"条件反射"：动物在一块肉前流口水，他让音叉发出响声的同时给它一块肉。于是，狗每次听到这种声音时就开始流口水。美国心理学家伯尔赫斯·斯金纳发展了巴甫洛夫的思想，论证了"操作行为"原则，他给鸽子用嘴压两个操纵杆的机会：一个会对它放电，另一个给它带来种子。这只鸽子因此决定刻板地压那根能喂它食物的杆子。斯金纳认为，人就是鸽子，他还声称，通过这种惩罚和奖赏的手段，人类可以在心理上产生条件反射。自20世纪50年代开始，这一观点在精神治疗上的应用表现为，试图通过对病人进行改造，并在其身上培养出一种自我效能感，进而消除其症状。

从行为到思想

自20世纪70年代开始，行为主义疗法不再只思考人类的举止。它们采取了认知主义的转向，换言之，关注内在的规定，也就是大脑处理信息的方式。美国精神病学家亚伦·贝克的认知主义疗法致力于研究心理扭曲，它们会导致各种有关自我和世界的错误看法："我不讨人喜欢""世界正走向毁灭"……该疗法的理念是促进积极的思维。久而久之，其他方法也被吸纳进认知主义-行为主义疗法中：最出名的是那些借助正念、冥想和借鉴东方灵修的方法。

目标和契约

认知行为疗法的架构通常十分有条理，治疗合作从一开始就得到了清晰的说明，它甚至可以采取合同的形式。第一时间就应该分析和观察各种困难：恐怖症的障碍，焦虑，消化行为的障碍……其次，病人和治疗专家确定所要达成的量化目标：承受十分钟的恐怖症，在一周内克制自己的欲望……会面通常以面对面、一对一形式进行，但是也存在着团体治疗。

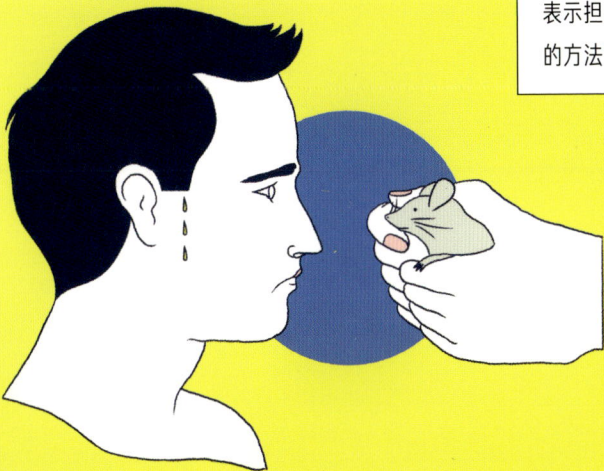

你知道吗？

认知行为疗法在精神病学领域起着越来越重要的作用，一些精神分析学家对此表示担忧，并称之为"训练的方法"。

第四部分

当代悲伤

受威胁的睡眠

2020年，75%的法国人抱怨睡眠不良或睡眠不足。引发焦虑的、紧张的、致病的生活模式：我们的夜晚变得不如白日美好。

你知道吗?

当心安眠药：它们并不会让人进入真正的睡眠，而是导致意识的丧失，类似于一种轻度的麻醉。因此，人体并不会因为这些药而得到睡眠的好处。

平均:
6小时42分

疲惫不堪

30年来，我们已经失去了一个半小时的睡眠。声污染，光污染，无处不在的屏幕，被远程办公模糊的工作和私人生活之间的界限……这里无需赘述导致我们夜晚变差的因素了。法国人平均睡6小时42分，而他们需要7.5小时到9小时的睡眠时间。当我们睡着时，会发生些什么呢？我们会降低抑郁和注意力障碍的风险。我们会维护"免疫防御系统的活动，机体的荷尔蒙平衡，情感和心理的健康，学习能力，记忆过程，还有大脑废弃物的清除……数月的睡眠的丧失将无可挽回地导致死亡。讽刺的是：今天，尽管种种发现都强调，一个美好的夜晚对于身体和精神保持最佳机能不可或缺，然而，人类在梦乡停留的时间越来越短。"哈佛医学院的精神病学教授罗伯特·史蒂克戈德如此分析。

浅睡期
慢波睡眠

深睡期
慢波睡眠

速波
睡眠

周期的更迭

睡眠会导致生理的放松和意识的中止，即便它处于一种活跃的状态。当我们入睡，我们将处于平均持续九十分钟的数个连续周期中。它们可以被划分为几个阶段：

——浅睡期慢波睡眠，它出现在入睡之时；

——紧跟其后的是慢波睡眠，它表现出程度更大的肌肉松弛，我们称之为"慢波"：大脑以非常低的速率运行。这种睡眠可以清除大脑的废弃物，因此可以预防诸如阿尔茨海默病之类的疾病，还可以强化白天的记忆和学习；

——接下来的是速波睡眠。在此期间大脑活动和眼球运动非常快，但是睡眠也很深，肌肉则维持不动。这是梦最为丰富的阶段。

梦的新解释

2000年，芬兰哲学家、心理学家和神经科学家安蒂·雷翁索发现，梦具有一种"生物学功能"：帮助我们去面对潜在的威胁。在他看来，我们在梦里经常陷入难受而危险的处境，这将在心理上训练我们去面对它们。这是一种古老的行为，为我们和其他动物所共有，比如狗和猫。弗洛伊德的观点和这个芬兰人的观点是否都是可能的呢？

屏幕的危害

用于上网的时间创下历史新高。无论如何，数字技术的过度使用对大脑和心理健康造成的影响已毋庸置疑。

认知的损害

神经病学家利昂内尔·纳卡什在他的一本著作中提出："我们和记忆的关系已经改变了。"他以2011年一项美国的实验为例证明，当我们在寻找某个信息时，我们并不借助自己的回忆，而是倾向于首先去努力回想起来药片、智能手机在哪里……简而言之，能够储存所要寻找的信息的物件。三种行为尤其会阻碍注意力和专注力的功能："多任务"，信息轰炸以及在工作中不停被打断的情况。对任务进行排序的能力和对知识的吸收会减退。德国精神病学家、神经病学家曼弗雷德·施皮茨尔最近证明，对智能手机、互联网和社交网络的重度使用"直接和平庸的认知能力相关"。思维的准确，数学和语言的表现因此而受到影响。

你知道吗？

根据诺基亚公司发布于2013年的一份研究，年轻人平均每天查看自己的智能手机达150次。

网瘾?

屏幕，游戏，社交网络会致瘾吗？对社交网络上的"喜欢"和对游戏得分的强烈追求会扰乱我们著名的奖励系统，神经元网络会刺激我们去重复那些与愉悦相关的活动或者行为。数字成瘾的特征就是我们所说的"共病"：它和其他障碍（社交恐惧、抑郁等）相联系……

技术压力

在显示屏上花费过多时间会提高压力水平、血压值和心率值。何以如此？曼弗雷德·施皮茨尔认为，这是因为我们会感到无力，"很多人都经历了数字技术在我们生存的方方面面的泛滥，技术干涉的侵略性越来越强，导致我们感到丧失了基本的控制"。就情绪和生物钟节奏而言确实如此：屏幕的亮度、每秒钟的帧数、亮光的波动、图像的抖动都会扰乱它们。发光二极管显示屏的蓝光会抑制褪黑激素的分泌，这是调节睡眠和食欲的荷尔蒙，它还涉及免疫系统。

你好，焦虑……

紧张的节奏，经济和健康危机，禁足：全球大流行病的后果让焦虑障碍和慢性压力患者的人数剧增。

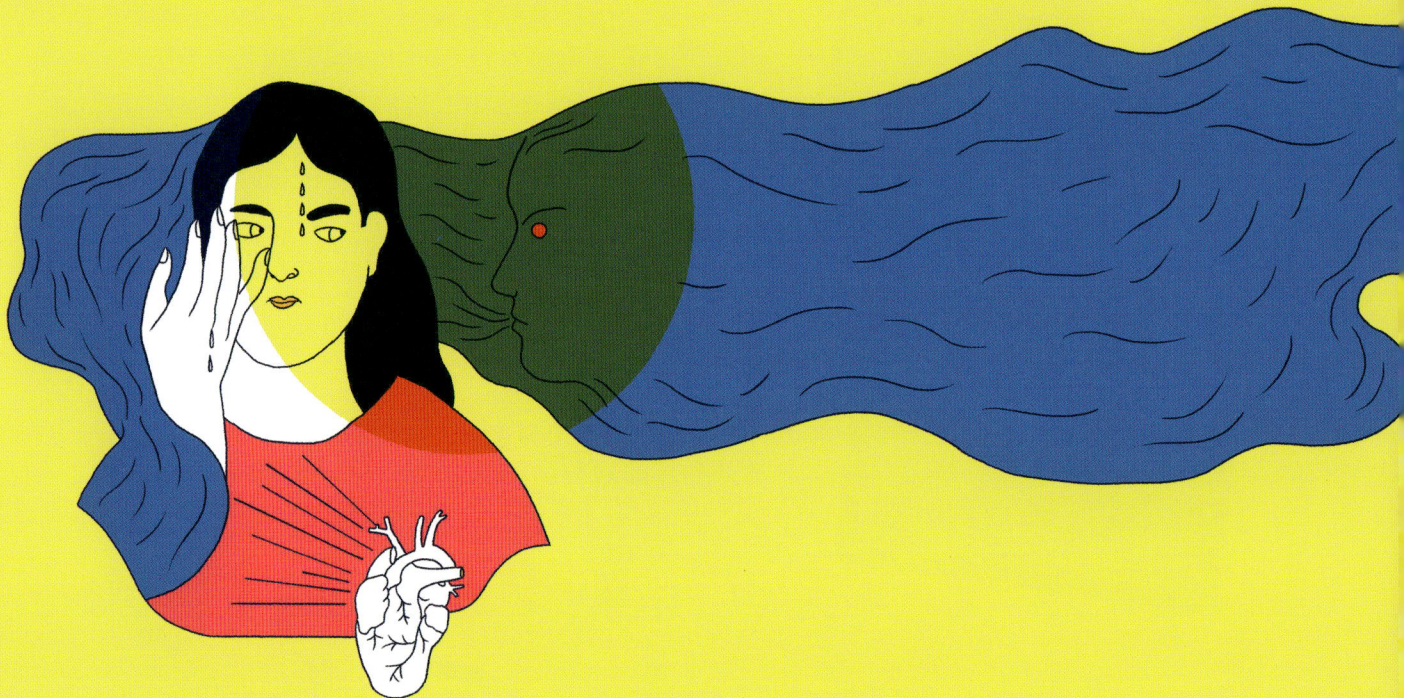

一种人类体验

"焦虑"一词主要在精神分析和哲学这两个学科被使用。针对这一被全人类所共有的体验，让-保罗·萨特于1946年写道："人是焦虑的。"即便精神病学、生物科学和认知科学今天更多地讨论的是"anxiété"，两者根本上描绘的是同一幅图画：面对某种潜在的、但一定程度上也是确定的威胁时的种种反应和担心。精神病学家亨利·艾伊谈到了"在悲伤地等待迫近的危险时所体验到的不安"。

焦虑的神经症

1895年，当弗洛伊德变得病态并厌世时，他第一次关注这一状态。他对症状（听觉过敏，心脏、呼吸活动障碍，发抖，恶心，夜惊，流汗，腹泻……）进行了细致入微的描述，将之命名为"焦虑神经症"，并将它归入他所谓的"当代神经症"中，也就是由病人当下而非过去的性问题所导致的精神障碍。在他看来，焦虑是一种非常严重且漫长的禁欲的后果，即压抑的产物。随后，在1926年，他提出了另一个假设：焦虑是不悦的信号，是自我面对与过去的险境相关的威胁时所发出的警告。

广泛性
焦虑障碍

惊恐发作

广场恐惧症

特定恐惧症

社交恐惧症

分离焦虑症

焦虑障碍

"神经症"一词对不怎么喜欢精神分析的精神病学家造成了困扰，在诊断手册中，它最后被"障碍"一词取代。取代"焦虑神经症"的是"焦虑障碍"，后者可以被定义为：对于未来的长期忧虑的不协调且失衡的反应。最后一版*DSM*——全球最常用的美国诊断手册——列出了六种焦虑障碍：惊恐发作、广泛性焦虑障碍（TAG）、广场恐惧症或公共场所恐惧症、特定恐惧症、社交恐惧症、分离焦虑症。

关于应激的一切

精神病学家克里斯托夫·安德烈解释道："应激，就是当我们受到环境的压迫或刺激时，在我们的身体和心灵中所发生的一种反应。我们所说的'应激源'包括：工作、冲突、噪音……只有当应激长期化，且没有恢复的可能性时，它才构成问题。"应激出现在这样一些背景之下，它们要求一种强烈的心理能动性，但是，如果紧张度不下降，就会明显地导致荷尔蒙的变化，而这会导致神经元的丧失。提出了应激——当它是消极的时候，便和一种痛苦的状态相关——概念的是魁北克医生汉斯·塞利。"它是个体所感受到的压力的复现表象所导致的结果。如果他有所准备，他就能够承受。如若不然，压力的打击会导致眩晕，而后便是精神崩溃。"精神分析家罗兰·戈里解释道。

精神创伤

恐怖主义、袭击和病毒让它与日俱增……创伤后应激障碍由来已久，但它在这些年来的激增让临床诊断和治疗取得了长足发展。

回到源头

1860年，在欧洲发生了一次连环铁路事故之后，第一次出现了创伤的概念：生理上毫发无损的幸存者表现出了难以解释的紊乱。一些惊恐症状和反应源于一次情感冲击，这个假设逐步获得认可。在1880年左右，皮埃尔·让内将创伤和记忆问题联系起来，并发展出了一种心理治疗方法。在20世纪，临床病例的研究在冲突和战争年代之后明显发展了起来……今天的分类不再提"创伤神经症"，而是"创伤后应激障碍"。

触发因素

损害完整性和生活的威胁，打击的突然性，以及受害者的奔溃，它们构成了创伤事件的三角支架。精神病学家、精神分析家雅克·达阳如此定义："创伤是高强度的情感超负荷，它的出现往往非常突然而且出人意料，超出了受害者承受它的能力。"在创伤阶段，堤坝有崩溃的危险。创伤有可能是单一的——侵犯、强暴、事故、战争。它也可能是多样的，混杂而重复——滥用，虐待，酷刑和监禁——或者是同机体、神经、大脑的损伤相关联……

创伤后应激障碍的症状

当反应紧随冲击到来，或者在接下来的时间中出现，它可能会表现为惊慌逃窜，严重的心理困惑状态，某些生理上的表现（口干舌燥，心动过速，没有血色，颤抖……），濒死感，晕厥，无意识的举动，躁动，自杀倾向，好斗，短暂的妄想发作。

但同样可能的是，创伤后应激障碍之前可能有一个潜伏期，患者在此期间行为举止得体。在接下来的几小时，几天，几周之内，一切都看似正常或者几乎正常。不过，在几周、几月、几年之后，有时在遭遇新的打击后，创伤重复综合征就会形成，同时伴随着的是再现最初的创伤场景的噩梦，记忆闪回，对可以被称为创伤的一切的逃避策略，上瘾，过度警觉，易怒，惊跳。由于创伤常常难以描述，创伤后应激障碍的患者也可以就它导致的病症进行咨询：上瘾，强迫症，失眠症……因此，诊断的难度不小。

何种疗法??

我们建议，尽可能早地进行处置，以避免相关的图像和情感固化：最近的一些研究试图证明，成功压制创伤事件可能会避免创伤后应激障碍。近些年来，眼动脱敏与再加工也成了帮助受害者的医护们所偏爱的工具。

成瘾: 文明的苦恼

与毒品、酒精、镇定剂、安眠药相关的行为障碍……一些年来, 成瘾现象不断加剧着。健康危机和禁闭还在强化这一趋势: 1/3的消费者明显增加了他对于烟草、大麻和精神类药物的消费。

成瘾?

根据精神病学手册*DSM*, 成瘾是"对一个产品的不良使用模式, 会导致机能的恶化或者痛苦。"除了对一些物质(酒精、毒品、药物……)的依赖, 该手册最近增加了赌博行为成瘾, 但是存在其他的类型: 性, 强迫性购物, 网络, 食物……心理学家玛蒂尔德·赛涅解释道: "成瘾实际上总是由某些偏离其最初目的的日常行为造成的: 喝酒、吃东西、玩乐、购物、花钱、工作。"她描述道, 它们都服从同样的奴役规则: "贪得无厌的激情""重复的强迫""增加用量的必要性""导致资金或者家庭困境, 以及戒断期的缺失感"。

疏离

成瘾的自相矛盾之处在于，它并不是自毁的逻辑，而是自我康复的逻辑：人们用烟草自我麻醉，用鸦片类药物来自我缓解，通过沉迷赌博来减轻自己的负罪感，用安非他明来进行刺激……弗洛伊德就毒品问题在其《文明及其不满》中写道："人们对它们心存感激，因为它们不仅带来了即时的快感，还有渴望已久的独立于外部世界的因素。"成瘾让人们可以摆脱对其他人的依赖，这就解释了成瘾行为在疫情期间的暴发，因为其他人构成了潜在的危险，必须和他保持距离。精神分析家罗兰·戈里指出，"这是一种社会和心理上的倒退……成瘾是一种对他人和对自我的关系的替代。但是，它起的是一种蒙蔽而非解脱的功能。它不会打开视野，反而闭塞视听。它隐藏并让我们无视自己的机能障碍，我们的极端孤独，我们的脆弱，尤其是无知，以及奥秘，一切我们无法主导，但为病情所揭示的东西"。

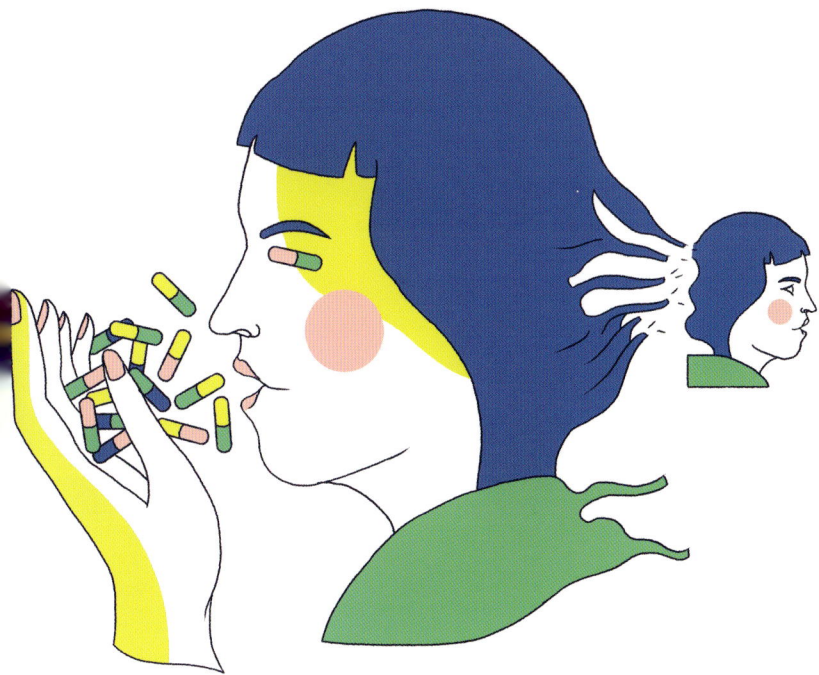

网络依赖

1—6岁的儿童每周花费5小时上网（相比，7年前为2小时），7—12岁的超过6小时，13—19岁的超过15小时。患有网瘾的青少年的案例与日俱增，他们活力衰退，把自己关在家里，躲避内心、情感和亲密关系。

你知道吗？

"成瘾"来源于拉丁语的 *addictus*，而不是英语的 addiction。在罗马帝国，这个词指的是因为无法偿还债务而失去自由的奴隶。他们必须为了还债而工作，或者将自己全身心地献给他们的债主。

强迫症

具有侵略性的想法，扰乱生活的荒诞而费时的仪式……位列常见病第四位的这种神经症的机能模式究竟是什么？它是如何以及为何会形成的呢？

多疑癖

"强迫性神经症"来自弗洛伊德于1895年以法语撰写的一篇文章，在而今的疾病分类中，它更名为"强迫症"。患者被他无法克服的杂念所纠缠。这些困扰会出人意料且无缘无故地出现。它们可能具有恐惧症的性质——对疾病、对细菌、对污秽……的恐惧，也可能是冲动型的——对凭空跳跃、攻击、羞辱、飞行……的恐惧。最常见的被称为"观念性的"："我是否真关了大门？关了灯？回答了提出的问题？"这就是"多疑癖"。精神病学家、精神分析家阿兰·瓦尼埃十分准确地解释道，强迫症患者"是被持续的怀疑所困扰的'思想家'，没有什么能让他们停下来……他们意识到了自己的障碍，正是这点让他们不同于谵妄"。

秩序、整洁和经济

强迫症患者设置了一些仪式，它们发挥着驱魔的功能，同迷信有关："如果我不这样或那样想、这样或那样做，就会大难临头。"整洁癖患者有冲洗、清理的仪式；秩序强迫症患者有整理、归类的仪式；害怕匮乏的强迫症患者则表现出节俭，量入为出，"收集癖"以及吝啬……弗洛伊德提到了"私人宗教"和"强迫的神经症"，因为患者清楚地意识到了其举止的荒诞，甚至是可笑，而这些举止暂时性地缓解了其焦虑。但是，他无法让它们停下来，一旦他试图这样做，自身的不安就会加剧。

特定治疗

强迫症或多或少地会对其患者的日常生活造成严重影响。65%的病例始于25岁之前。在最严重的病例中，既定的仪式无法平息焦虑：它们会加剧而非缓解，而且抑郁可能会固化。因此，必须建立和精神疗法匹配的药物治疗。目前，研究也在探索由局部电刺激所提供的前景。对于危害性更少的疾病形式，一般会推荐认知行为疗法提出的分析疗法。

进食障碍

厌食症、贪食症、暴食症……进食障碍影响了5%到10%的人口。

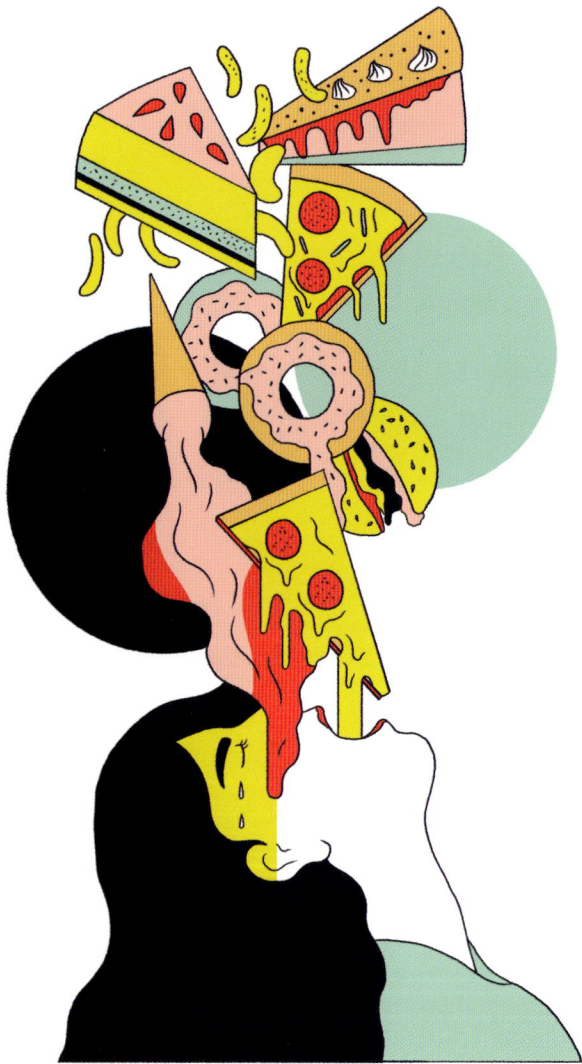

贪食症，暴食症：病态的食欲

"他们为了吃而呕吐，为了呕吐而吃。"塞涅卡早在古罗马时代就这样写道。精神病学家、精神分析家菲利普·贾米特指出，90%的贪食性成瘾性疾病患者为女性，贪食对应的是"强烈的、不可遏制的暴饮暴食的欲望……但是，病人会通过引发呕吐和／或滥用轻泻药来极力避免增加体重"。问题就产生于这种先摄入后排出的口腔循环中，心理学家玛蒂尔德·赛涅强调，"呕吐……会产生一种净化和自由的感觉，它将不可避免地减弱，从而引发行动的重复发生"。贪食症患者迷恋排泄阶段，该阶段让他们产生了掌控感，和他们不同的是，暴食症患者受困于一种贪婪的食欲，这有时是为了应对内在紧张或抑郁。

精神性厌食症：对饥饿的饥饿

第一个提到厌食症的是阿维森纳。这种疾病的特征体现在对苗条的神经症般的追求，这是一种对发胖的病态恐惧，对身体形象的扭曲，以及对热量需求的限制。玛蒂尔德·赛涅提到了"一种对饥饿的依赖"。我们可以将该疾病分为两种形式：一种是对饮食的限制——对食品精挑细选，自己准备好的食谱……——另一种不是节制，而是使用泻药——被称为"贪食性厌食症"。身体的消瘦往往触目惊心，但是，由于厌食症患者无视事实，诊断需要时间来确定。这种疾病90%的患者为女性，经常在青春期发作，但是存在着青春期之前或之后的厌食症，后者在40-50岁之间发作。

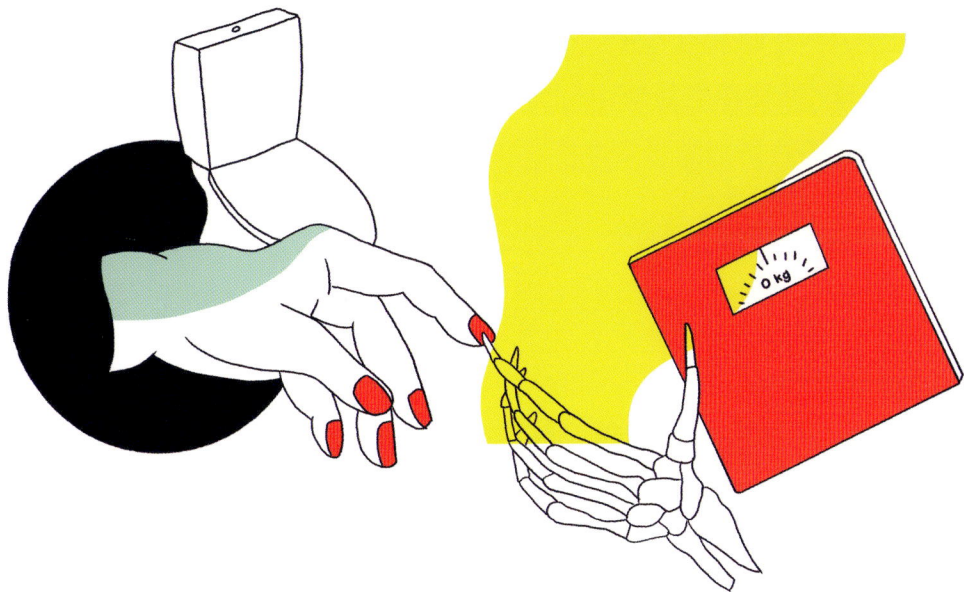

同一枚硬币的两面

饮食，女性气质，青春期，掌控欲……厌食症和贪食症之间存在相同之处，也可以互相转换。菲利普·贾米特解释道："厌食症患者生活在患上贪食症的恐惧中，而贪食症患者则梦想成为厌食症者，两者都预感到了将他们联合起来的关系。他们都受困于同样的食欲和同样的恐惧（害怕被自己生存和变美的强烈欲望所吞噬）。"

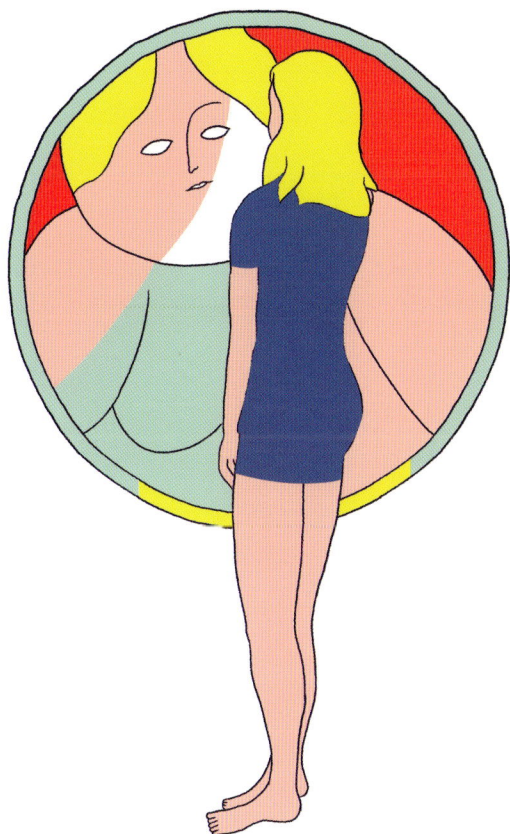

摆脱恶性循环

进食障碍对健康的影响非常严重：生物性障碍，口腔、牙齿和消化系统的损伤……15%的厌食症患者死于营养不良，自杀的风险增加了22倍。多学科的（精神病学、内分泌学、营养学……）治疗方式因此显得尤为重要。认知行为疗法，面对面的分析精神疗法，或者家庭疗法都可以帮助病人重建同自己、他人与生活的关系。

自恋和倒错：现代性的疾病？

在工作、感情和生活中……异常的举止和行为越来越多。精神病学家和精神分析师的诊所中挤满了施虐型人格的受害者。

我，我，我……新的自恋

"如果他们认为自己是更好的司机，他们就会开得更快；如果他们认为自己更优秀，他们就会在会议上比其他人讲得更多……在他们身上，比较起着关键作用。"精神病学家克里斯托夫·安德烈写道。他分析道："在失败、冲突的问题上，他们很快就会陷入狂怒、语言或肢体的暴力，他们为了保护自己的利益和形象，随时准备摧毁一切。"如何解释这些行为呢？它们是反应性作用、防卫性机制，旨在避免自我反省，逃避对自身弱点和内在冲突的疑惑和质疑。自恋型人格始终在别人身上寻找它无法表现的自我形象。

反常者的界限的缺失

弗洛伊德写道："神经症是对倒错的否定。"没有界限！倒错患者所赞同的，就是神经症患者压抑和禁止的一切。我们首先是在性的领域内考虑倒错症的，它被用来描述反常的举止和实践：性施虐狂，性受虐狂……精神病学家现在会提到"性欲倒错"。阿兰·瓦尼埃解释道，伴侣对于倒错症患者就是"一个没有生命的物件"。而且，它实际上可能就是这样的一个物件，就如恋物癖那样：鞋子、内衣……对他人的工具化，详细而不变的步骤就是其操作模式的特点。

自恋型倒错，新的世纪病?

把病态的自恋和倒错结合起来，结果就是自恋型倒错。这究竟是什么呢? 伟大的精神病学家、精神分析家保罗-克劳德·拉卡米耶这样定义，它"以有组织的方式使自身免于一切痛苦与内在冲突，并将它们驱逐出去……通过损害他人来自我吹嘘，不仅毫无痛苦，而且乐在其中"。今天是否真有那么多的自恋性倒错呢? 毫无疑问存在着上升的趋势，实际上牵涉范围很大，因为，正如拉卡米耶所解释的那样，自恋性倒错是一个可以表现出"多种形式的行为。它可以只延续一段时期，在遭遇精神紊乱或者危机时形成，而后又消失"。

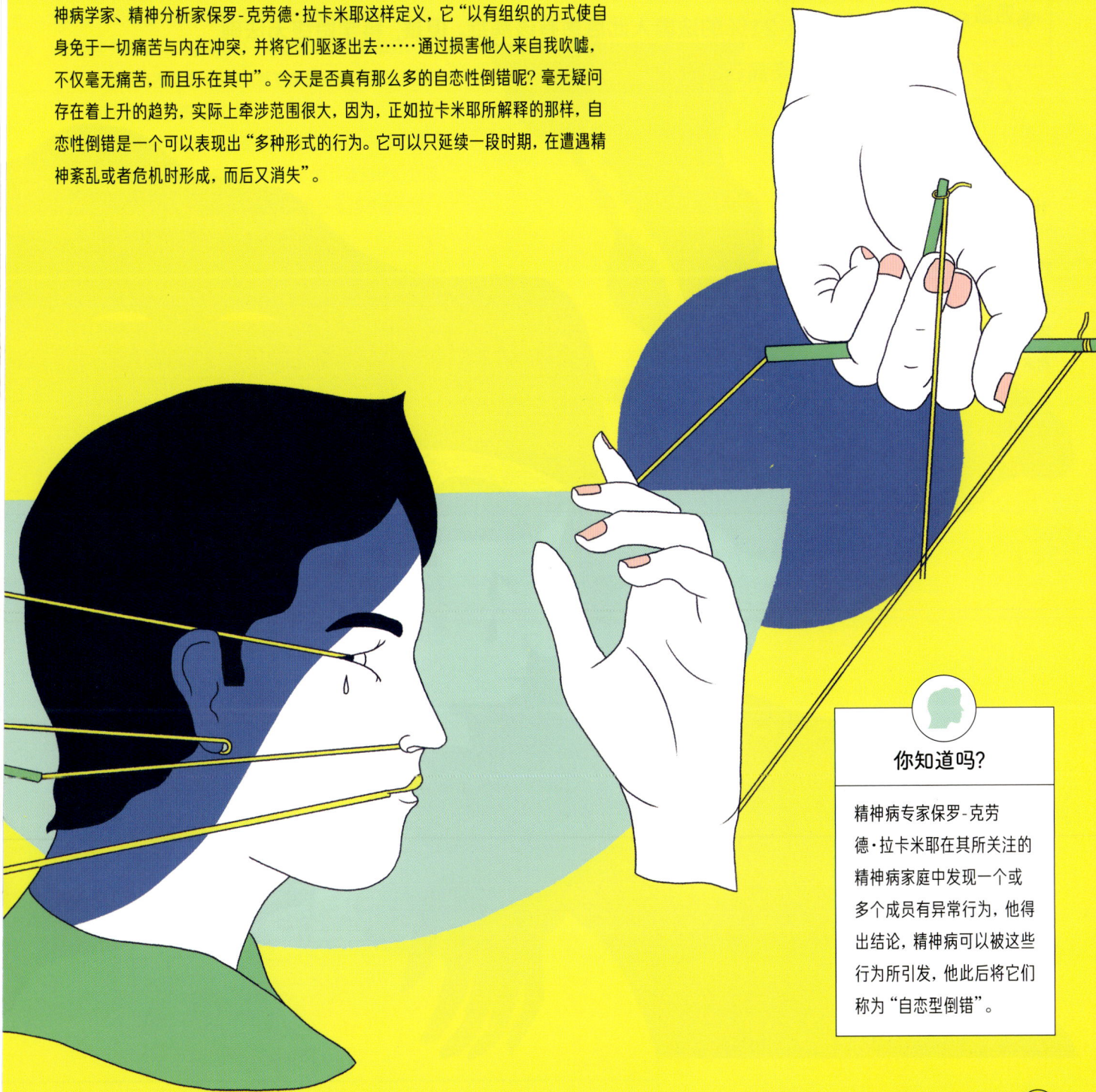

你知道吗?

精神病专家保罗-克劳德·拉卡米耶在其所关注的精神病家庭中发现一个或多个成员有异常行为，他得出结论，精神病可以被这些行为所引发，他此后将它们称为"自恋型倒错"。

第五部分

未来的威胁和希望

精神疾病的入侵

应该采用何种分类来进行治疗？这个问题不断被提出来。今天，作为指南的美国诊断手册*DSM*不可或缺。当然，它也引发了激烈的讨论。

每个时期的分类

为了进行治疗，首先必须进行命名。从古至今，疾病分类法层出不穷。在这方面名垂青史的有希波克拉底、阿维森纳、保罗·扎克奇亚（文艺复兴时代的法医学奠基者）、皮内尔、布洛伊勒（他引入了精神分裂症）、弗洛伊德——他提出了三个重要范畴：精神病（要求繁复治疗的严重疾病，如精神分裂症、孤独症……），倒错症和神经症（它们无法和现实分割）。二十世纪初，同时出现了多种分类：比如德国人埃米尔·克雷佩林的高度理性的医学分类，他区分了15组疾病；法国学派区分出了12组；美国的精神病协会则区分出18组。

你知道吗?

*DSM*最近的版本是第五版，它在美国饱受批评，批评者中有上一个版本的负责人、精神病学家艾伦·法兰西斯。他在一本评论性的著作中指出，某些病理的认定阈值的降低，以及最后一版手册收入的疾病的数目的增加，都会造成危险。在他看来，所有这些都将导致生活的精神病学化和感情的病理学化。

DSM 的胜利

诊断和概念长久以来因医生、学派、国家和理论的不同而千差万别。因此，在20世纪下半叶，人们渴望调和所有这一切，使用一种通用的语言。于1952年出版的美国精神病手册*DSM*正是在这一基础上诞生的。而今，该书是全球使用最广泛的手册。其内容极大地推动了国际疾病分类（CIM），这一分类被用于医院中的行为准则的制定，以及心理医生的实践和培训。*DSM*所列的疾病数量与日俱增：从一开始的60种到今天的超过400种。它所列出的现存疾病的标准变宽了，例如孤独症，这是一种神经发育疾病，是在20世纪40年代由利奥·肯纳和汉斯·阿斯伯格所认定的。今天，它被命名为"孤独症谱系障碍"。这些不同病症（其特征往往表现为交流和社会化上的困难，以及异常的重复动作）的原因不为人知，其范围涵盖了轻度孤独症到严重得多的类型。因此，孤独症谱系障碍的发病率最近几年来激增。

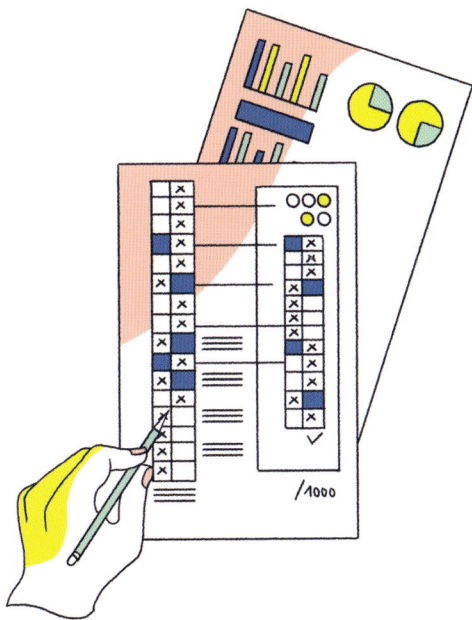

"是"还是"有"？

临床诊断因为*DSM*而被自动化访谈量表上的评分所取代，该量表汇集了全球数据。为了做出诊断，医生会在标准列表上打勾。这一标准化观点在逻辑上得到了那些希望依靠具体数据的人的拥护，但是从治疗者和被治疗者的角度看，它也造成了诸多不能让人满意之处：病人的个人史，他和其心理医生结成的特殊关系，二者的创造性，这些又会变成什么样呢？因此，治疗者有兴趣使用补充性的参照以推进工作，比如《心理动力学诊断手册》：美国的心理学和精神分析的作者们希望"强调考虑如下问题的重要性，即人是什么，而不是他有什么"。

精神药品至上

法国是一个精神药品的消费大国：镇静剂、抗焦虑药、抗抑郁药……
2020年后的病毒传播及其后果导致了这种消费惊人的提升。

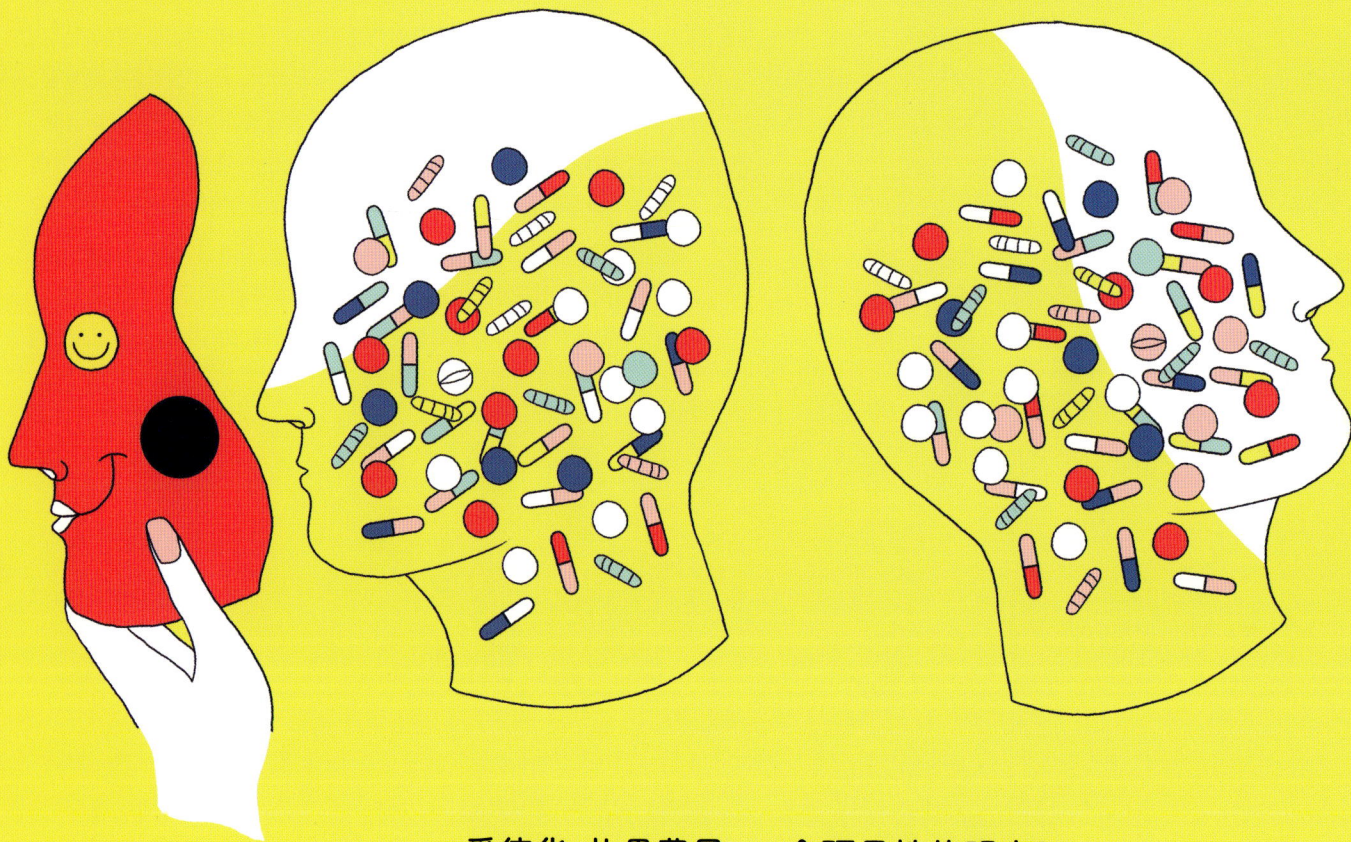

爱德华·扎里费昂，一个预见性的观点？

"如果情况不变，我们就可以轻松地宣布生命的药物医学化的大爆炸了。"那是在1996年。
在一份呈交给卫生、劳动和社会事务部部长的报告中，大学教授、心理学家爱德华·扎里费
昂对法国人过度消费精神药品的危险发出了警告。在其300页的精细研究和建议中，他揭
露了一些药企代表的谬论，正是他们引导普通医师为精神病痛开出了超出合理范围的药量。
他指出："由于人们告诉医生，这些疾病非常广泛，如果他不更多地诊断精神疾病，不更多
地开药，就会让他觉得内疚。"

让人担忧的消费水准

2021年5月27日。科学兴趣团队疫情灯塔（Epi-Phare）发布了它的第六份关于健康危机之后果的报告。该报告的数据包含从2020年5月16日（首轮禁闭的第一天）至2021年4月25日在药店开具的处方药内容。结论是："抗抑郁剂、抗焦虑药和安眠药的消耗量高于预期。"该报告指出，在2021年，药店根据处方开具的抗抑郁剂、抗焦虑药和安眠药的数量的增加得到了证实，并呈扩张之势。以前被称为"安定药"的抗精神病药，情况同样如此。疫情灯塔的负责人阿兰·威尔相信，"人们从没见过这样的大幅度增长，太罕见了……焦虑障碍和睡眠障碍的医学化出现了"。

你知道吗?

精神药品医治的是症状——烦躁，焦虑，悲伤——而不是病因。正是出于这个原因，人们建议在开具药物处方的同时辅以其他疗法。

益处和风险

就抗焦虑药和镇静剂的处方用量的增长，克雷代伊（Créteil）（马恩河谷省）的亨利·蒙多医疗中心精神病科的主任安托万·佩利索洛解释道："一些药物被用于这些焦虑障碍和睡眠障碍，但并不必然和精细的诊断相关，所以存在着自我用药的风险。"至于抗抑郁剂的用量的增长，他补充道，它"表明了数月前观察到的精神痛苦的增加，尤其是抑郁症"。精神药品的次要后果可能影响重大……因此，有必要对这些药物的服用进行医学监管，并限制其服用时间。

好波动还是坏波动?

尽管声名狼藉，它还是回来了。这就是电击疗法，也被称为"震动疗法"和"电抽搐疗法"，电击疗法被推荐用于治疗严重的抑郁症。让我们来回顾一下电的治疗作用在治疗精神痛苦方面的过去和未来。

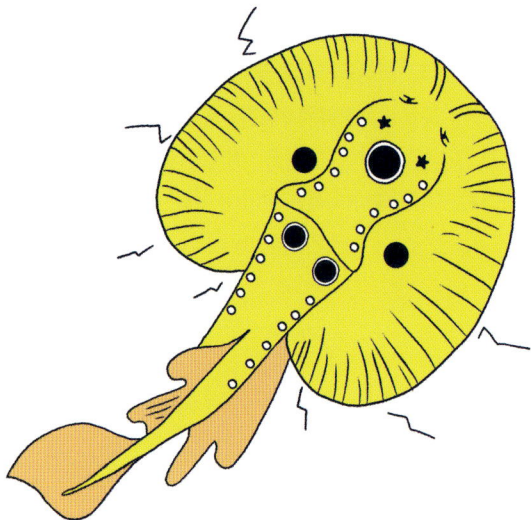

振动和颤抖

偏头痛，头痛? 如果你把一条电鳐，一条"带电的"鱼，放在头上呢? 公元前47年，罗马皇帝克劳狄的医生斯科尼波利乌斯·拉杰斯是第一个在颅骨上使用电的人。但直至18世纪，随着电流的发明，它作为精神病的疗法才发展起来: 通过交替、持续或静态的模式，以不那么持久但比较强烈的冲击作用于头部和其他部位。沙朗顿医院（Charenton）的主任医生约瑟夫·加斯塔尔迪说过，人们认为脑中的阴霾是疯癫的病因，能驱散它们的就是好的。法医学之父弗朗索瓦·埃曼努埃尔·福德雷在1816年引述了这段话。在1889年和1892年，弗洛伊德在歇斯底里症患者瘫痪的双腿上使用了电。

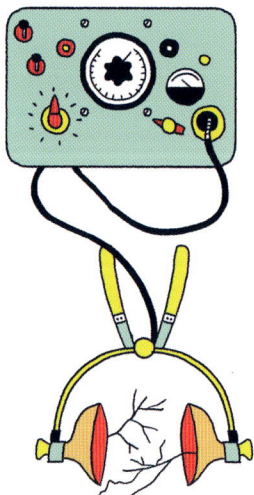

电抽搐疗法的奥秘

1928年3月，意大利精神病学家、神经病学家乌戈·切莱蒂和其同事卢乔·比尼首次对病人使用了电击疗法。电抽搐疗法诞生了。它究竟是什么呢? 它通过低强度电流在头部的传递来激活神经元组，从而引发痉挛和抽搐。一些精神病医生认为，这可以治好精神障碍，尽管对原因知之甚少。法国在20世纪40年代采用了这种方法，其中包括让·德雷，他指出，其对精神分裂的影响"千差万别"，但是对躁狂症和严重的抑郁症效果"显著"。如何解释这一点呢? 痉挛引发的休克、失忆或意识丧失具有治疗的功效吗? 科学家们至今仍然不得而知。

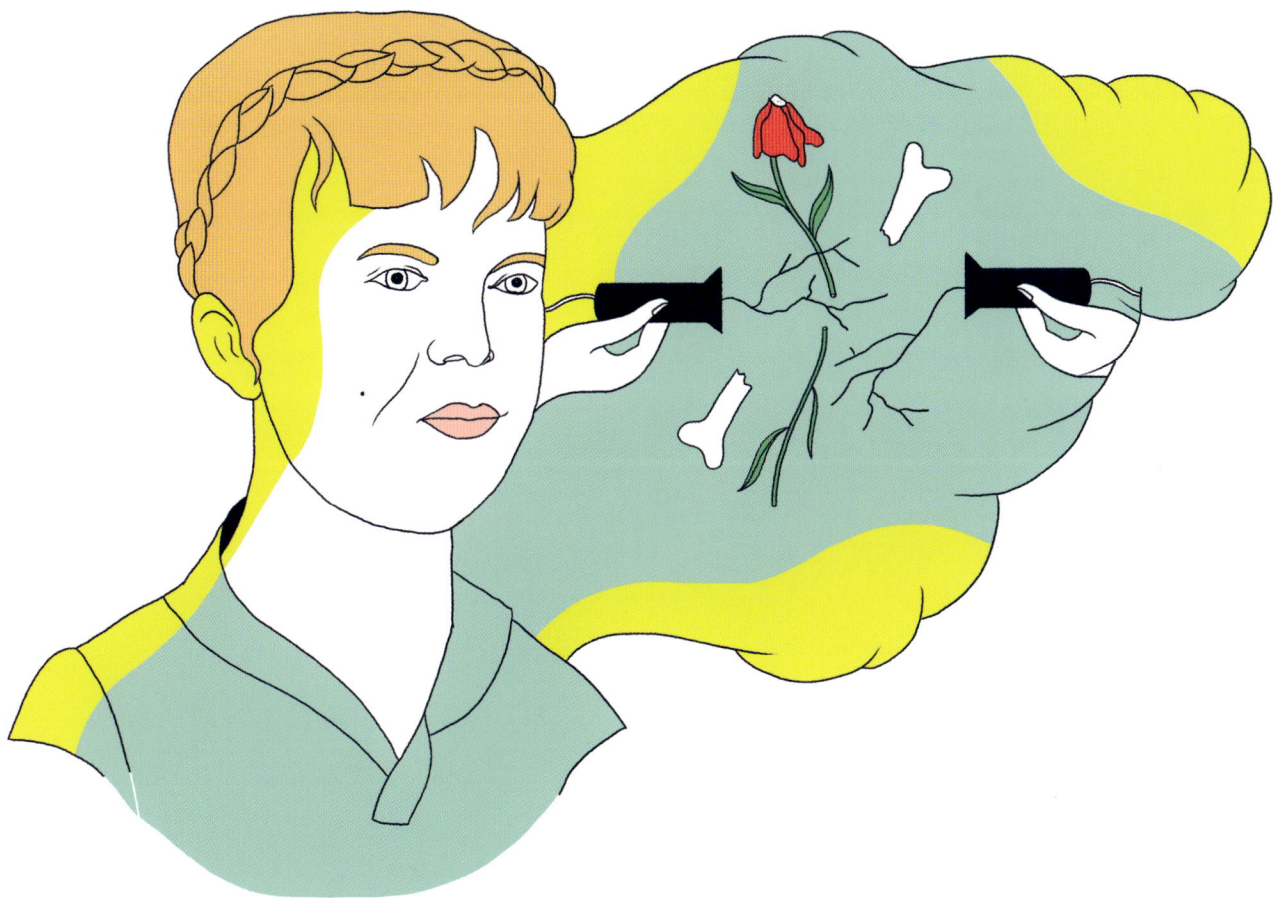

虚构和现实

非人？野蛮？电击疗法一直是争论的对象。自20世纪40年代开始，一些故事、电影和小说描绘了治疗的暴力，病人未经麻醉就接受治疗后表现出来的恐惧、悲惨和紧张状态，而痉挛可以导致严重的生理伤害，比如胸部骨折。是不是诗人讲述得最好？比如安托南·阿尔托在20世纪40年代，西尔维娅·普拉斯在五十年代，都曾讲述过自己的遭遇。西尔维娅·普拉斯回忆道："每一次电击，剧烈的颤动都将我击倒，乃至我觉得自己的骨头都碎了，元气离我而去，犹如离开一株被锯断的植物。"埃曼努埃尔·卡雷尔在其最新作品中对自己的治疗所做的描述同样让人不悦，但他觉得，也许是电抽搐疗法"拯救"了他，让他摆脱了忧郁。这一疗法一度被弃用，而今在治疗严重抑郁症方面重获殊荣，而且在更加人性化的条件下进行：为避免受伤而进行全身麻醉，并使用肌肉松弛剂。

压力之下的护理

精神病学和公共心理学救助部门正处于崩溃边缘，因为它们面对大量的需要，却没有办法去应对。

复杂而零碎的服务

20世纪60年代的狂喜已经远去，那是一个去异化的美好年代，对精神病学家吕西安·博纳费而言弥足珍贵。1960年，为了让精神病学家和病人摆脱孤立，并让他们回归社区，一则行政通告确立了区划政策。它将国家划分为由七万名居民组成的区域，在每个区域内都有一组精神病学医生，由他们负责管理靠近城市和城市内的医院体系和非医院体系。60年之后，该政策宣告失败。预算和床位数量缩减，需求多样化并剧增：法国的护理系统达到饱和。2019年跨年，国民议会的社会事务委员会的一份报告揭示了糟糕的现实状况。审计法院2021年的另一份报告也证实了这一点，并表明"护理服务千差万别，欠缺条理，且未经充分协调"。

你知道吗？

10年以来，儿童精神病医生、儿童和青少年专科精神病医生的数量减少了一半。这个被抛弃的学科的教师不超过32名。而且，他们中有80%的人已经超过60岁……

无法满足的需求和破坏自由的实践

国民议会报告的民选负责人们确信，"对病人的管理"是"灾难性的"。病痛的种类庞大：从诸如焦虑之类所谓的轻度障碍，到严重的疾病，比如要求复杂的护理的精神病。为应对这些不同需求设立了多种多样的场所，但都人满为患。为了在医学心理学中心预约成功，有时候必须等待一年之久，而这些就是人们可以去看病并获得帮助的当地机构。至于公立医院，剥夺自由场所首席巡查在其报告中谴责了束缚和孤立手段的扩大化，这些行动都是非法的，但因为疫情而持续地强化。为什么采取这些方式？因为时间不足，人员不足：对病人的护理变成了对他们的看管。

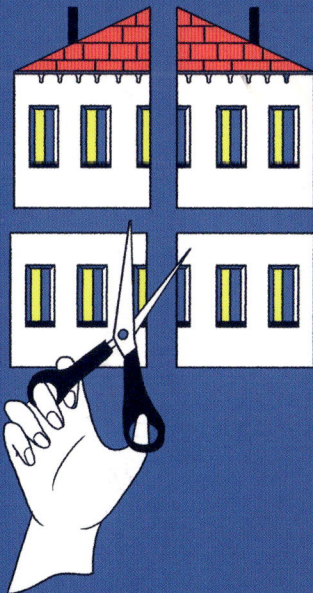

让人不安的计划

一项改革正在酝酿中，但未获一致认可。该改革试图将机构的活动分成四部分，以此向其提供资金。其中之一是奖励护理的"反应性"，即在更短的时间内增加诊病量。精神病学家、医学教授、亨利·蒙多医疗中心（克雷代伊）分区化精神病科的主任安托万·佩利索洛感到痛心："但是我们不能这么想。我们会进行上门访问，然后将看到一些独居在家的人，他们拒绝出门，显然，这会调用至少两个人，最少需要一两个小时……人们需要的是符合现实状况的改革。"面对广泛的热情，计划的落实被推迟到了2022年1月1日。

精神病学的发现

大脑不再是一个黑匣子了。神经生物学和核磁共振成像技术让我们得以观察我们思维的中枢，从而更好地理解并掌握心理机制。

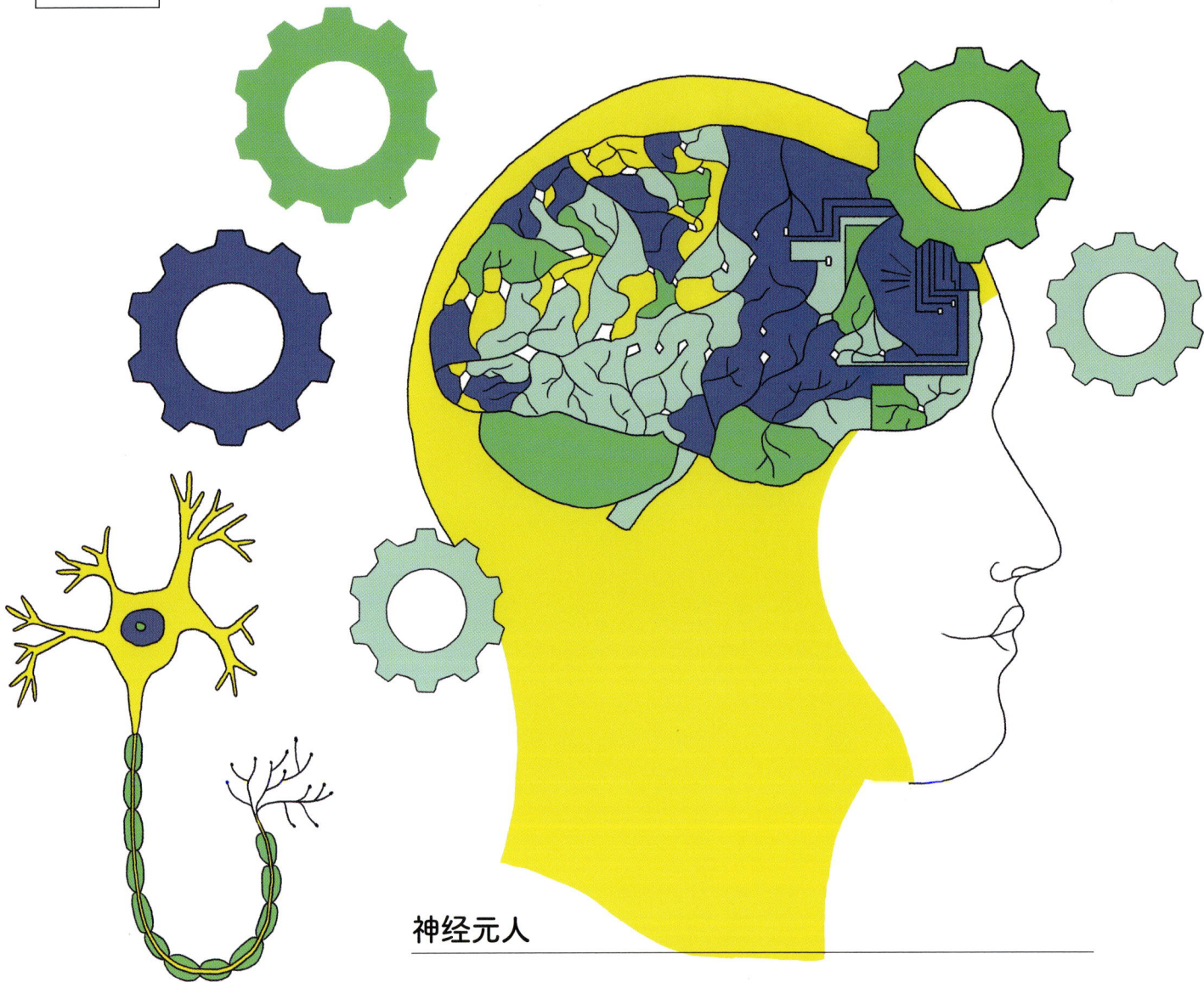

神经元人

晴天霹雳。1983年，法兰西学院教授、巴斯德研究所神经生物学部主任让-皮埃尔·尚热出版了《神经元人》，该书引起了雪崩式的反应。尚热坚持一种唯物主义的观点：心理现象是大脑机制的结果。他写道："人类的大脑由几十亿个神经元构成，它们通过一个巨大的连接和交流网络而联系起来"，"通过拓扑学定义的一组神经细胞的内在运动，一切行为都可以被解释"。他揭示了神经元（神经系统的基础细胞）在人类思维发展中起到的关键作用，——最好的大脑拥有860亿个神经元。

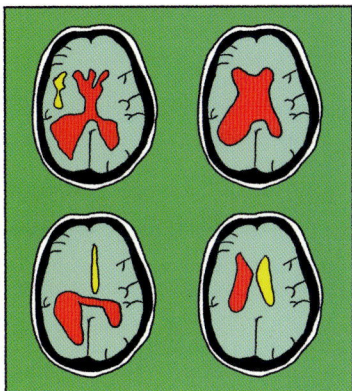

图片的启示

在细胞神经生物学之后，大脑成像进一步撕开了思维奥秘的面纱。在20世纪90年代，功能性核磁共振成像技术出现了，它让我们得以对大脑及其活动进行测绘。人们发现了什么呢？大脑具可塑性，它会因对象的发育、学习、环境而进化，无论是在幼年还是成人时期。意识的特征表现在各个相距甚远的大脑区域之间丰富而复杂的交流中。在神经科学中，无意识所占据的空间无边无际。它包括了潜意识感知、自动行为和释义……无意识具有预测性的维度，并为完成行动做准备。它并不对抗意识，恰恰相反，它与后者进行合作。

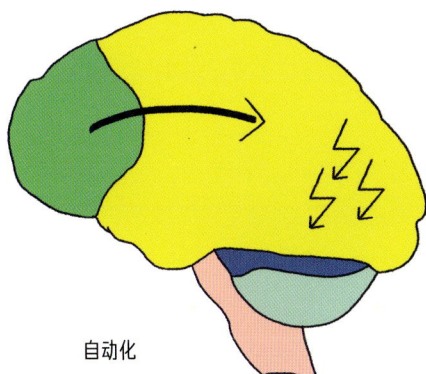

自动化

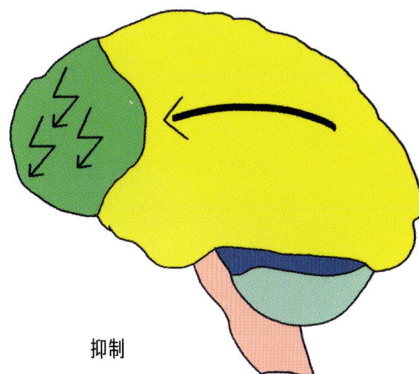

抑制

以不同方式去学习

神经科学观察大脑的学习过程，由此揭示了两种学习模式：

——自动化，它表现为储存、记忆和重复。

——抑制，它表现为抵制自动行为的诱惑，发展创造力，思考的灵活性，而不是系统性依靠已学到的规则。迄今为止，教育方法推崇的是自动行为。但是，目前有一些研究试图在学校中发展基于抑制的学习。

催眠，幻觉的未来

这是世界上最为古老的治疗方式之一，一种特殊的意识状态，有着巨大的潜在功效。它今天的适应症多种多样：焦虑，成瘾，阻滞，恐怖症，疼痛……

所有人的梦

你是否总能记得乘坐公共交通的旅程？你所做过、所想过的事情？你的额头靠着雾蒙蒙的玻璃窗？催眠是一种我们每天都会多次陷入，自己却毫不知情的状态，它是"想象力——也就是改变被强加的现实的能力——的初步阶段"，哲学家、治疗学家弗朗索瓦·鲁斯唐如此定义。但是，我们并不必然有能力去探索其潜力，以便变得更好或解决那些困扰我们、损害我们的特殊问题。其医疗应用要求医生的介入，进而接受对自己的意志的消除，并打开无意识的大门。

什么都不做

如何引导一个人进入催眠状态？弗朗索瓦·鲁斯唐提供了几个例子。治疗师可以让病人盯着一个点，直至他视而不见，或者向他"讲一种毫无意义的语言，最后病人充耳不闻。再或者，在手或胳膊上造成麻木感，这样就能抑制触觉。还可以诱导病人陷入某种梦境中。总而言之，催眠诱导让病人什么都不做，使他体验到一种无能为力的状态。还剩下什么？病人将沦为什么？当某个人身上一切属于自发性的东西都被剥夺，那还会剩下些什么呢？什么是人类不能赋予自己的呢？他不能赋予自己生命，不能赋予自己生存的状态，以及和自己生存状态的联系，也不能沉浸在自己生命的活力中。这一体验有时候会产生惊人的效果"。这位治疗师解释道。

求助医生

恐惧症，成瘾，睡眠障碍，消化障碍，神经障碍……催眠可以在所有这些领域取得良好的效果。它同样被建议用于焦虑和围手术期的疼痛。"我有时也能平复某些放射检查导致的剧烈的焦虑危机，比如核磁共振，"麻醉师兼复苏专家卡特琳娜·贝尔纳尔说道。她是克郎兰—比塞特医院的颅内神经外科教授并实践催眠。她说："催眠改变了疼痛的感觉，并减弱了疼痛的强度和情绪上的影响。它让人们得以改变自己的行为，在自己身上发现自己独有的潜在力量，并帮助他们去获取这一力量。在外科手术中，我们将其作为止痛治疗的辅助手段，并用于所谓的重症手术，这种手术要求切开高度神经支配的、敏感的组织。"随着虚拟现实头盔的问世，技术日益完善，卡特琳娜·贝尔纳尔现在就在麻醉辅助中使用这种头盔。

你知道吗?

对患有幻觉障碍的病人而言，现实和想象之间的界限模糊不清，他们对催眠有着绝对禁忌，因为他们一旦进入催眠状态，就可能陷入精神病，并和他周围的世界失去联系。

受质疑的精神分析

弗洛伊德创立的这一学科不乏反对者:《黑皮书》、纪录片、控诉。其方法饱受批评, 有些批评有理有据, 但精神分析依然宝贵, 也在不断更新。

过时的理论?

精神分析曾备受推崇, 而今被嗤之以鼻。谁之错? 伊丽莎白·卢迪内斯指出, 错在精神分析家本身。"他们在堡垒中故步自封, 既不改变他们的课程内容, 也不改变他们对历史的二元化理解, 还以受害者自居。"她在最近的一次访谈中断言。访谈提及精神分析家弗朗索瓦兹·多尔多有关乱伦和受虐女性的冒犯性言论。很多理论看来已经过时, 即使并没有错。哲学家保罗·普雷西亚多谴责道:"面对性别和性问题, 精神分析家们仍然使用19世纪的分类和诊断进行工作: 同性恋, 俄狄浦斯情结, 歇斯底里症, 性欲冷淡症……他们的认识体系支撑着家长制, 并以等级化的性差异为基础。"

"无效的"实践?

其态度死板而让人不安，其沉默被深陷痛苦的精神分析对象认为是冷酷的，会面因利益驱动而被缩短，会面期间背对病人，偷偷发送个人短信……这些都是行业的害群之马，应该受到的指责，除此之外，精神分析的效用也已经遭到了质疑。实际上，法国国家健康和医学研所于2004年发布的报告认定，精神分析缺乏有效性的证据。最近，这份报告受到了质疑。

你知道吗?

精神分析学家桑多尔·费伦齐主张采取最具同理心的方法。他在其临床日记中写道："如果我们不能在分析过程中真正爱上病人，那么没有哪种分析能成功。每一个病人都有权被视为受过虐待的、不幸的小孩。"

即将到来的改变

哲学家雅克·德里达早在1996年就发现，"一旦被吸收或利用，精神分析就可能被遗忘。它将成为被置于药柜深处的过期药品。在碰到紧急或紧缺状况时，它还会被拿出来使用，但人们早已经做得更好了！"即便这50年来，它不止一次地招致批评，即便一些形成于19世纪的概念在最好的情况下也显得稀奇古怪，它也能够在技术上发展，比如面对面的会谈，小组治疗法……但是，它所提倡的东西依然是独一无二的：它向每个人都提供了把握自己生活的可能性，向另外一个人（他能倾听并描述病人的遭遇）讲述自己的可能性。一些思想家和临床医生在黑暗中努力摸索着这门学科的未来。例如，哲学家、精神分析家、弗洛伊德精神分析协会副主席莫妮克·达维德-梅纳尔和该协会的一些同事发起了一项旨在"重新创造实践"和"重新思考联系"反思运动。

新局面

通过数字成像对人类祖先的实践的研究表明，他们具有治愈能力。接受了虚拟或者音频会面的心理医生同专家型病人达成和解，并将他们的力量团结起来……一些变化正在推进中。

当技术确证精神疗法

神经科学不断证实了东方世界的思想，尤其是佛教，精神状态、情感、意识、注意力和感知可以为身体所体验到，也可以因为它而变化和改善。呼吸技术，正念，意识状态的改变，其效果都可以通过科学方法而被观察到。眼动脱敏与再加工就是一例，这是美国心理学家弗朗辛·夏皮罗于1987年偶然发现的治疗方法。它意在通过扫视（病人盯着治疗师从左向右移动的手指）或"叩击"（叩击膝盖）来淡化创伤记忆。人们实际上意识到，这种技术是在大脑中和记忆、感情相联系的区域在发挥作用……最后，谈话的力量得到了重新认可：最近的研究否定了法国国家健康和医学研所在2004年提出的精神分析无效的结论，并确认了其有效性，尤其是在焦虑障碍和抑郁症的治疗上。

面向所有人的互联网医疗

和病毒疫情相关的卫生限制破坏了一直以来的规则。治疗师正在修正他们的理论和临床经验。治疗的形式和基础都改变了。格式塔治疗法专家赛茜尔·盖雷接受了视频问诊，她关注病人在进行这种问诊时所选择的视角。她讲道："有一些人无法遏制地看自己，或相反，无法忍受看自己……我们一起讨论这个问题。而这在诊所里是不会出现的。"对于一些孤独的、患恐惧症或者非常内向的人而言，好处在于，他们可以待在家里并通过音频进行会谈，这会让他们真正地安心。一些人敢于讨论痛苦的经历或者性问题了，这是他们以前从来没有做过的。

专家型病人的时代

这是神经科学研究的一大希望。病人可以依靠神经反馈技术来观察他大脑中发生的事情（通过放在头上的电极或者使用核磁共振成像），以后自己就可以控制自己的大脑活动，根据自己的需求去减弱或者强化某个目标区域的活动：让自己平静下来，减弱自己的焦虑，集中自己的注意力……大众还无法接触到该技术，但是它表明了正在发生的范式的变化。专家型病人的时代即将到来，因为这些病人对自身的病痛具有深入的认识。越来越多的互助网络建立了起来，它们由患有相同精神障碍的人组成，他们都希望不再对发生在自己身上的事情逆来顺受。

你知道吗？

1872年，一位丹麦医生在他的一本论著中创造了"精神治疗"这个术语，详细阐述了精神如何影响身体。今天已有超过400种类型的精神治疗了。

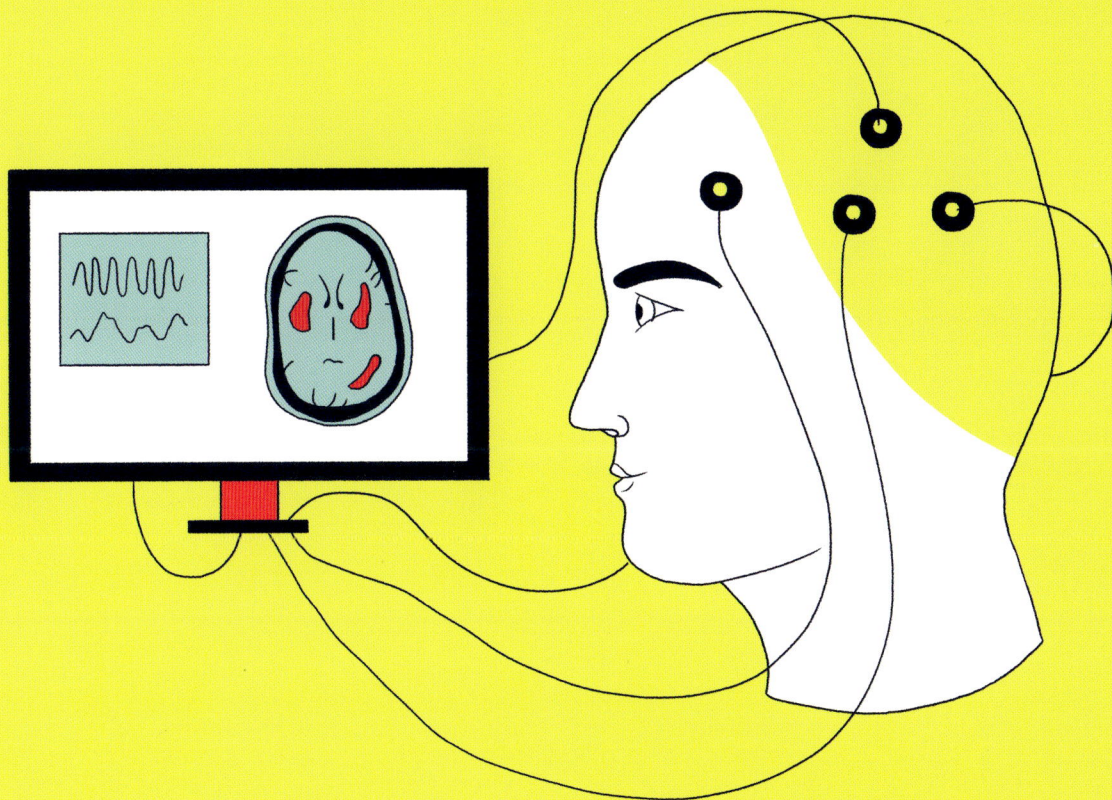

专名索引

原书页码

致 谢

感谢西比勒·福康贝热，帕特里夏·萨洛蒙·蒂拉尔， 弗朗索瓦·居埃尔， 范妮·埃科沙尔， 斯特凡·罗莎，感谢他们的慧眼，耐心和富有启发性的审读；感谢皮埃尔-路易·菲涅耳，雅克·达阳和萨米埃尔·多克，感谢他们的意见，评价，在解剖学、精神病理学和临床学上的指点。感谢安娜·杜弗勒芒特尔，对她的回忆孕育了本书的文字。

图书在版编目(CIP)数据

心理学信息图 / (法) 伊莲娜·菲涅耳著 ; (法) 索
菲·德拉·科尔绘 ; 陈新华, 黄辉译. -- 重庆 : 重庆
大学出版社, 2024.12.
(未来人系列).
ISBN 978-7-5689-4954-5

Ⅰ. B84-64

中国国家版本馆CIP数据核字第20247WM930号

心理学信息图

XINLIXUE XINXITU

[法]伊莲娜·菲涅耳 著 [法]索菲·德拉·科尔 绘

陈新华 黄辉 译

策划编辑: 姚　颖
责任编辑: 姚　颖
责任校对: 邹　忌
书籍设计: M^{oo} Design
责任印制: 张　策

重庆大学出版社出版发行
出版人: 陈晓阳
社址: （401331）重庆市沙坪坝区大学城西路21号
网址: http://www.cqup.com.cn
印刷: 重庆升光电力印务有限公司

开本: 889mm×1194mm　1/16　　印张: 7.5　　字数: 243千
2024年12月第1版　　2024年12月第1次印刷
ISBN 978-7-5689-4954-5　　定价: 118.00元

版贸核渝字(2022)第055号